# 3D프린팅을 여행하는
# 이노베이터를 위한 안내서

**3D프린팅을 여행하는
이노베이터를 위한 안내서**

—

**1판 1쇄**    2026년 3월 3일  발행

**지은이**    신상묵
**편집**      최지윤
**기획**      프로토텍
**디자인**    김동현
**발행인**    김영석
**발행**      도서출판카논
ISBN        979-11-93353-22-6    13550

# 3D프린팅을
# 여행하는
# 이노베이터를
# 위한
# 안내서

신상묵 지음

canon

# PRAISE 추천사

**Scott Crump**
**Stratasys 설립자, FDM 3D프린팅 기술 발명자**

It has been over 30 years since 3D printing technology first emerged. Throughout that time, Prototech has played a vital role in introducing and advancing this technology in Korea, and Mr. Sangmook Shin has been at the heart of that journey.

This book reflects his extensive experience and insight, delivering the fundamentals of 3D printing in a clear and accessible way. For newcomers, it serves as a friendly introduction; for those already in the industry, it offers a valuable opportunity to revisit the bigger picture.

As a long-time colleague and trusted partner in the field, I hope Mr. Shin's message through this book contributes to yet another meaningful step forward for the future of manufacturing in Korea.

3D프린팅 기술이 처음 등장한 지 30년이 넘었습니다. 그동안 프로토텍은 이 기술을 한국에 소개하고 발전시키는 데 중요한 역할을 해왔으며, 신상묵 대표는 그 여정의 중심에 있었습니다.

이 책은 신상묵 대표의 경험과 통찰을 바탕으로 3D프린팅의 기초를 명확하고 쉽게 전달합니다. 입문자에게는 친절한 안내서가 되어주고, 이미 업계에 몸담고 있는 이들에게는 전체 흐름을 되짚어볼 수 있는 소중한 기회를 제공합니다.

오랜 동료이자 신뢰받는 파트너로서, 이 책을 통해 전해지는 신상묵 대표의 메시지가 한국 제조업의 미래를 향한 또 하나의 의미 있는 진전을 이끌어내기를 바랍니다.

**정유인 - KAI 기반기술실 실장**
**국산 항공기 체계개발 참여**

신상묵 대표님은 국산 전투기 개발 시 3D프린팅 기술의 적용 타당성을 검토하던 2010년대부터 저와 함께 한 걸음 한 걸음 내디디면서 3D프린팅이라는 한길을 걸어오신 분입니다.

이후 재료의 감항인증을 위한 시험 및 평가와 함께 제작 공정 표준화를 위해서 적극적인 노력과 역할을 해오셨기에 국내 항공용 3D프린팅 산업의 개척에 있어 산증인 중 한 분이라고 생각됩니다.

이러한 사장님의 경험을 바탕으로, 3D프린팅 산업의 활성화를 목적으로 『3D프린팅을 여행하는 이노베이터를 위한 안내서』라는 책을 출판하게 된 점 축하드리며, 많은 분들이 이 책을 통해서 기본적인 지식 습득과 함께 실질적인 3D프린팅 기술을 활용하는 계기가 되기를 바랍니다.

**강승철 - 3D융합산업협회(3DFIA) 사무국장**
**ISO/TC 261(Additive Manufacturing)-K 전문위원, 국가기술자격 3D프린팅 부문 정책심의위원, <3D프린팅산업발전전략포럼> 간사**

3D프린팅에 대한 관심은 커지고 있지만, 개념과 실무, 기술의 본질과 적용을 아우르는 기초 자료는 늘 부족했습니다. 『3D프린팅을 여행하는 이노베이터를 위한 안내서』는 그러한 갈증을 채워줄 훌륭한 실용서입니다. 디지털 제조의 시대적 흐름 속에서 3D프린팅이 왜 핵심 기술인지, 실제 산업 현장에서 어떻게 활용되고 있는지를 한눈에 보여줍니다.

기업 운영으로 정신없이 바빴을 신상묵 대표의 성실함이 친절하고 정확한 현장의 언어로 풀어낸 이 책은, 이제 막 3D프린팅을 접하는 입문자부터 개념을 다시 정리하려는 현장 실무자, 사업적 판단이 필요한 의사결정권자 모두에게 유용한 참고서가 될 것입니다. 나아가 기술을 정책과 교육에 연결하려는 모든 기관과 단체에도 귀중한 자료가 될 것입니다.

**온한우 - 현대자동차 시작선행개발팀 책임연구원**
**현대자동차 입사 및 적층제조 담당 업무 수행 (2007년~), DfAM 경진대회 대상(과학기술정보통신부장관상) 수상 (2020), DfAM 경진대회 DfAM상(울산시장상) 수상 (2021), 3D프린팅 활용 우수사례 경진대회 대상(과학기술정보통신부장관상) 수상 (2022), 적층제조 TFT 담당 업무 수행 (2023년~), 적층제조 산업발전 유공자 포상(산업통상자원부장관) (2023), DfAM 경진대회 대상(과학기술정보통신부장관상) 수상 (2024)**

적층제조 기술을 다년간 업무에 활용해 온 실무자로서, 그동안 각 기술에 대한 단편적인 정보 전달에 치중된 자료들이 대부분이었기에, 기술 전반을 아우르는 체계적인 자료의 필요성을 느껴왔다. 그런 점에서 이 책은 단순한 기술 개요를 넘어 설계, 공정, 후처리, 경제성까지 전 과정을 체계적으로 정리해 실질적인 통찰을 제공한다. 특히 기술별 특징과 적용 사례에 대한 설명은 경험 많은 실무자에게도 새로운 시사점을 줄 것으로 기대된다. 기술적 깊이와 현장 친화적 시각이 잘 어우러져 있어, 실무자의 수준 높은 이해를 돕기에 충분하다. 적층제조 기술에 입문하려는 이들부터 이를 전략적으로 활용하고자 하는 전문가까지 모두에게 추천하고 싶은 책이다.

**이낙규 - 한양대학교 ERICA 특임교수**
**전 한국생산기술연구원 원장**

프로토텍 신상묵 대표님은 대한민국 3D프린팅 산업의 선구자, 신영문 회장의 대를 잇는 분입니다. 2대에 걸쳐 3D프린팅 산업 발전을 이끌어 온 그는 현재 국방, 항공, 바이오 등 미래 핵심 분야의 3D프린팅 기술 혁신에 앞장서고 있습니다.

지금까지 많은 3D프린팅 관련 책들이 나왔지만, 대개 기술 원리에 초점을 맞춰 실제 현장에서 필요한 정보는 부족했습니다. 이 책은 바로 그 갈증을 해소해 줄 것입니다. 3D프린팅의 실제 과정에서 꼭 필요한 핵심 기술과 노하우를 쉽고 명쾌하게 담아냈습니다. 3D프린팅을 막 시작하려는 분들이나 사업에 도입하려는 기업인이라면, 이 책이 가장 실질적이고 완벽한 길잡이가 되어 줄 것이라고 강력히 추천합니다.

**강민철 - 3D프린팅연구조합 이사**

최근 3D프린팅 기술에 대한 대중의 관심은 다소 주춤해 보이지만, 이는 기술 발전과 산업 확산 과정에서 흔히 나타나는 일시적인 조정 국면일 뿐입니다. 이제 3D프린팅은 단순한 시제품 제작을 넘어 실제 제조 방식으로서, 특히 적층제조(Additive Manufacturing)의 핵심 기술로 자리 잡아 가고 있습니다.

초기의 과도한 기대와 시장의 거품을 지나, 현재는 실질적인 기술 확산과 산업 인프라 구축의 단계로 접어들었습니다. 이러한 중요한 전환기에 산업계는 다시금 3D프린팅의 가능성에 주목하고, 구체적이고 기술적인 통찰을 바탕으로 한 실용적 접근이 요구됩니다.

바로 이 시점에서 출간된 신상묵 대표의 저서 『3D프린팅을 여행하는 이노베이터를 위한 안내서』는 3D프린팅 산업에 대한 깊이 있는 통찰과 기술적 해설을 담고 있습니다. 기술의 본질과 산업적 의미를 균형 있게 조명하며, 현장의 흐름과 미래 전망까지 아우르는 이 책은 연구자와 실무자 모두에게 큰 도움이 될 것입니다.

프롤로그

# 디지털 제조의 핵심: 3D프린팅 완전 정복

3D프린팅 기술은 1980년대 후반에 처음 등장한 이후, 40년 가까이 매년 10~20%의 성장률을 꾸준히 이어오고 있습니다. 1990, 2000년대에 조용히 산업 현장에 스며들던 시기에도, 2010년대에 대중의 주목을 받으며 '혁신의 아이콘'으로 떠올랐던 시기에도 그리고 2020년대 들어 나름의 조정기를 겪고 있는 지금에도 이 기술은 여전히 최신 제조기술로서 저변을 넓혀가고 있습니다. 겉보기에는 조용해 보일지 몰라도 실제로 산업계와 기업, 연구기관에서는 3D프린팅의 활용도가 계속해서 높아지고 있습니다.

위 표는 3D프린팅 산업 전체의 주식 가치는 등락을 거듭하고 있지만,
실제 산업 규모는 꾸준히 성장 중임을 보여줍니다.

제가 몸담고 있는 프로토텍은 90년대 중반부터 국내에 3D프린팅 기술 보급을 해왔습니다. 당시 서울대 공대를 비롯한 여러 대학 교수님들, 삼성전자나 현대자동차 같은 선도 기업의 임원진 분들을 모시고 세계적인 3D프린팅 업체들과 전시회들을 방문하여 안내하였습니다. 그로부터 30년이 흐른 지금, 기술은 더 정교해지고 쓰임새도 더 깊어졌습니다. 그래서 지금도 이 기술을 더 널리 알리고, 더 효과적으로 활용되도록 돕는 일에 힘을 쏟고 있습니다.

예전에는 '3D프린팅'이라는 단어조차 낯설었지만 지금은 언론과 미디어를 통해 많은 분들이 알게 된 것 같습니다. 하지만 여전히 현장에서도 종종 질문을 듣습니다. "금속도 출력이 되나요?", "강도나 정밀도는 어느 정도인가요?", "실제로 어디에 쓰이고 있나요?" …… 이런 질문들을 들을 때마다 아직도 이 기술에 대한 기본 개념이나 산업적 활용 사례가 널리 공유되지 않았다는 걸 느낍니다.

그래서 이 책을 쓰게 되었습니다. 이 책은 3D프린팅 기술의 개념부터 실제 활용 분야, 기대 효과, 도입 시 고려사항, 그리고 앞으로의 발전 방향까지 핵심적인 내용을 담고 있습니다. 주요 독자는 3D프린팅 기술의 도입을 고려하거나 이미 활용 중인 산업체의 임원, 엔지니어, R&D연구원, 제품 개발자, 디자이너, 아티스트, 건축가 등 다양한 실무자들입니다. 더불어 관련 대학의 교수님이나 연구자, 그리고 기술에 관심 있는 일반 독자들에게도 도움이 되었으면 합니다.

바쁜 일상 중 책 읽는 데 많은 시간을 할애하기는 어려울 것입니다. 책은 총 77개의 질문으로 구성되어 있으며, 각각의 질문에 대해 간결하고 핵심적인 답변을 제시하고자 했습니다. 처음부터 끝까지 순서대로 읽지 않아도 좋습니다. 관심 있는 주제나 궁금한 항목부터 펼쳐보셔도 무방합니다. 각 질문은 단편적으로 보일 수 있지만, 전체적으로는 3D 프린팅 기술의 큰 그림을 이해하는 데 도움이 될 것입니다. 또한 이 책에서 기본 개념을 익힌 후에는 챗GPT와 같은 도구들을 활용하여 더 넓고 깊은 지식을 손쉽게 확장해나갈 수 있습니다.

이 책이 독자 여러분의 기술적 판단과 창의적인 기획에 작은 이정표가 되어주길 바랍니다.

3D프린팅이라는 흥미롭고도 실용적인 세계로 함께 한 걸음 들어가 보시죠.

프롤로그 - 디지털 제조의 핵심: 3D프린팅 완전 정복

*에필로그 - 기술과 함께, 사람과 함께*

# 1. 디지털 제조 시대의 필수 역량: 3D프린팅의 이해

# 1. 디지털 제조 시대의 필수 역량: 3D프린팅의 이해

## 1-1. 3D프린팅이란 무엇인가?

3D프린팅은 디지털 3차원 모델 데이터를 기반으로 재료를 층층이 쌓아 제작하는 첨단 제조기술입니다. CAD 소프트웨어로 모델을 설계해 3D프린터에 입력하면 플라스틱, 금속, 수지 등 다양한 재료를 정밀하게 적층하여 복잡한 구조의 제품을 만들 수 있습니다.

3D프린팅은 단순한 출력 기술이 아니라 새로운 제조 방식으로 분류됩니다. 전통적인 제조 공정은 주로 재료를 깎아내는 제거가공이나 열과 압력을 가해 형상을 만드는 성형가공 방식을 사용해 왔습니다. 반면 3D프린팅은 디지털 데이터를 기반으로 재료를 한 층씩 쌓아가는 적층제조 Additive Manufacturing, AM 방식입니다. 이는 기존 공정과는 근본적으로 다른 원리를 갖고 있습니다.

'적층제조'는 3D프린팅의 핵심 원리를 설명하는 공식 용어입니다. 이 용어는 3D프린팅 기술을 산업적으로 분류할 때 국제표준 ISO/ASTM 52900 에서도 사용됩니다.

## ◎ 제거가공 (Subtractive Manufacturing)

제거가공은 재료를 깎아내어 형상을 구현하는 방식입니다. CNC 밀링기나 선반 같은 장비를 사용하여 블록 형태 재료에서 불필요한 부분을 절삭함으로써 원하는 형상을 만들어냅니다. 정밀 치수 가공이 가능하며, 금속 가공이나 기계 부품 제작에 폭넓게 사용됩니다.

| 제거가공

## ◎ 성형가공 (Formative Manufacturing)

성형가공은 열, 압력 또는 기계적 힘을 이용해 재료를 특정 형상으로 만드는 방식입니다. 주조 casting, 단조 forging, 압출 extrusion, 사출성형 injection molding 등의 공정이 이에 포함됩니다. 이 방식들은 일정한 형상의 금형이나 틀을 사용해 형태를 부여하며, 재료의 유동성이나 가공성에 따라 다양한 기술이 적용됩니다.

| 성형가공

## 적층제조(Additive Manufacturing, AM)

적층제조는 디지털 3차원 모델 데이터를 바탕으로 재료를 한 층씩 정밀하게 쌓아 형상을 만드는 방식입니다. 필요한 위치에만 재료를 순서대로 공급하기 때문에 설계된 형태를 그대로 구현할 수 있습니다. 이 공정은 적층 시스템 additive system 즉 3D프린터를 통해 수행되며 복잡한 내부 구조나 유기적인 형상 제작에 적합합니다. 디지털 기반 제조 프로세스이므로 설계 변경이 빠르게 반영되고 맞춤형 제작도 가능합니다. 이러한 장점 덕분에 디지털 제조 시대의 핵심 기술로 주목받고 있습니다.

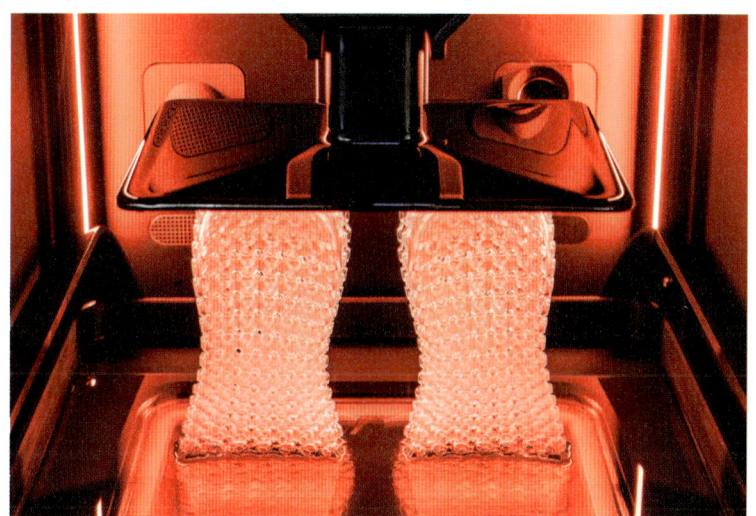

| 적층제조

위 세 가지 중에서 제거가공과 성형가공은 오래전부터 사용되어 온 전통 제조 공법입니다. 제거가공은 석기시대부터, 주조와 단조는 청동기 시대부터 사용되어 왔습니다.

## 1-2. 3D프린팅과 CNC 가공의 비교

3D프린팅과 CNC 가공은 모두 디지털 데이터를 기반으로 작동하는 대표적인 정밀 제조기술입니다. 하지만 재료를 깎아내는 제거가공과 재료를 쌓아가는 적층제조라는 근본적인 방식 차이가 있습니다. 이러한 차이 때문에 제품의 목적, 형상, 생산 수량에 따라 적합한 방식이 달라집니다.

### ● CNC 가공이란? (Computer Numerical Control)

CNC 가공은 컴퓨터로 제어되는 밀링 머신이나 선반으로 고체 재료를 깎아내서 부품을 제작하는 공정입니다. 이러한 방식은 제거가공으로 분류되며, 정밀도가 높고 기계적 강도가 중요한 부품 제작에 널리 사용됩니다.

이러한 CNC 가공은 정확성과 내구성이 필요한 시제품이나 양산 부품 제작에 적합합니다. 다만 복잡한 형상을 구현하는 데는 제약이 따르고, 재료를 절삭하는 과정에서 낭비가 많이 발생할 수도 있습니다.

### ● 3D프린팅 기술을 CNC와 비교했을 때 장점

3D프린팅은 CNC 가공에 비해 설계의 자유도가 높고, 복잡한 형상도 쉽게 구현할 수 있는 장점이 있습니다. 절삭 방식인 CNC는 공구의 접근성에 따라 설계에 제약이 있지만 3D프린팅은 적층 방식으로 재료를 쌓아가며 만드는 방식이기 때문에 내부 격자 구조나 유기적 형태 등으로 자유롭게 설계할 수 있습니다.

또한 필요한 부분에만 재료를 사용하므로 재료 낭비가 적고 초기 비용이 낮아 시제품 제작과 맞춤형 제품에 적합합니다. 설계 변경 시 파일 수정만으로 빠르게 반영할 수 있어 유연성이 높으며, 소량 생산에 경제적입니다.

**표1. CNC 가공 VS 3D프린팅**

| | CNC 가공 | 3D프린팅 |
|---|---|---|
| 제조 방식 | 절삭 방식(재료를 깎아서 제거) | 적층 방식(재료를 층층이 쌓음) |
| 재료 사용 방식 | 고체 블록이나 막대에서 시작 | 분말, 액상 수지, 필라멘트 사용 |
| 디자인 복잡성 | 공구 접근이 제한되어1<br>단순한 형태에 유리 | 복잡하고 유기적인<br>형상 구현 가능 |
| 정밀도 및<br>표면 마감 | 높은 정밀도와<br>매끄러운 표면 마감 | 정밀도는 양호하나<br>후처리가 필요할 수 있음 |
| 재료 낭비 | 절삭 과정에서<br>상당한 재료 낭비 발생 | 필요한 부분에만 재료를<br>사용하여 재료 낭비가 적음 |
| 생산 속도 | 간단한 형상에서 빠르나,<br>복잡한 형상에서 느림 | 복잡한 형상에서도<br>생산 속도가 빠름 |
| 설계 변경<br>유연성 | 설계 변경 유연성 낮음,<br>재프로그래밍 필요 | 높은 설계 유연성,<br>빠르게 변경 가능 |
| 적용 적합성 | 대량 또는<br>내구성이 높은 부품에 적합 | 복잡한 형상이나<br>맞춤형 부품에 적합 |

# 돌을 깎고 층을 쌓다: 고대 이집트에서 배우는 CNC vs 3D프린팅

고대 이집트 장인들은 스핑크스를 만들기 위해 거대한 석회암 덩어리에서 끌과 망치로 불필요한 부분을 하나씩 정교하게 제거했습니다. 이 과정은 오늘날의 CNC 가공과 비슷합니다. 금속이나 플라스틱 블록에서 컴퓨터로 제어되는 밀링 머신이나 선반의 칼날을 이용해 형상을 깎아내기 때문입니다. 둘 다 '감산 방식'으로, 재료를 하나씩 덜어내며 최종 형상을 완성한다는 점이 같지요. CNC 기계도 컴퓨터 신호에 따라 세밀한 움직임으로 높은 정밀도를 구현합니다. 그 정확도는 숙련된 장인의 손놀림과 같습니다.

반면 피라미드를 쌓아 올리는 방식은 3D프린팅의 적층 가공과 닮았습니다. 이집트인들은 동일한 크기와 모양의 석회암 블록을 밑바닥부터 차곡차곡 쌓아 올려 웅장한 구조물을 완성했는데, 이는 노즐이나 레이저, 바인더가 CAD 파일을 기반으로 재료를 한 층씩 쌓아 올리는 3D프린팅 공정과 원리가 같습니다. 피라미드 내부는 복잡한 통로와 방,

비밀 공간까지 설계된 복잡한 구조를 갖추고 있습니다. 침입자에게서 미라와 보물을 숨기기 위해서였죠. 이러한 설계는 층층이 계획된 순서에 따라 블록을 배치하는 적층 기술의 원리와 유사합니다. 두 공정 모두 미리 정의한 순서에 따라 재료를 차례차례 쌓아 올려 복잡한 구조물도 손쉽게 구현할 수 있다는 공통점을 지닙니다.

## 1-3. 사출성형과 3D프린팅: 차이점과 장단점은?

### 사출 성형이란?(Injection Molding)

플라스틱 소재를 고온에서 녹여 금형에 주입해 제품을 형성하는 방법입니다. 금형이 만들어지면 매우 빠른 속도로 대량 생산이 가능하며, 제품의 품질도 일정하게 유지됩니다. 그러나 초기 금형 제작 비용이 비싸고, 설계 변경이 필요할 경우 금형을 다시 제작해야 하는 단점이 있습니다. 주로 전자기기 부품, 소비재 제품, 장난감 등 대량 생산이 필요한 분야에서 많이 사용되었습니다.

### 3D프린팅 기술을 사출성형과 비교했을 때 장점

3D프린팅은 사출성형에 비해 초기 비용이 낮고, 복잡한 형상을 구현하기에 유리합니다. 사출성형은 금형 제작이 필요해 초기 비용이 높고 설계 변경 시 금형을 다시 제작해야 하는 반면, 3D프린팅은 금형이 필요 없으므로 초기 투자 비용이 적고 설계 변경도 파일 수정만으로 빠르게 가능합니다. 또한, 복잡한 형상이나 맞춤형 설계를 쉽게 구현할 수 있어 유연성이 높으며, 필요한 부분에만 재료를 사용하므로 재료 낭비가 적습니다. 소량 생산이나 시제품 제작을 할 때, 생산 속도와 비용 효율성 면에서 장점을 지닙니다.

표2. 사출 성형 VS 3D프린팅

| 항목 | 사출 성형 | 3D프린팅 |
|---|---|---|
| 제조 방식 | 고온에서 녹인 플라스틱을 금형에 주입하여 제작 | 재료를 층층이 쌓아 최종 형상을 만드는 적층 방식 |
| 재료 사용 방식 | 플라스틱 또는 기타 열가소성 재료 사용 | 분말, 레진, 필라멘트 등 다양한 재료 사용 |
| 디자인 복잡성 | 단순한 형상에 유리, 복잡한 형상은 금형 제작이 까다로움 | 복잡하고 유기적인 형상 구현 가능 |
| 정밀도 및 표면 마감 | 매우 높은 정밀도와 부드러운 표면 마감 | 정밀도는 좋으나 표면 마감은 후처리가 필요할 수 있음 |
| 재료 낭비 | 초기 금형 제작 후 재료 낭비 거의 없음 | 필요한 부분에만 재료를 사용하여 재료 낭비가 적음 |
| 생산 속도 | 대량 생산에 매우 빠름 개당 생산 시간 적음 | 소량 생산에 유리 대량 생산 시 시간 소요 많음 |
| 설계 변경 유연성 | 설계 변경 시 금형 재제작이 필요하여 시간과 비용 발생 | 설계 파일만 수정하면 빠르게 변경 가능 |
| 적용 적합성 | 대량 생산 제품, 일관성 있는 품질이 필요한 부품에 적합 | 복잡한 디자인, 맞춤형 제품 소량 생산에 적합 |
| 비용 효율성 | 대량 생산 시 경제적 초기 금형 제작 비용이 높음 | 소량 생산과 시제품 제작에 경제적 |

## 1-4. 3D프린팅이 유리한 부품 유형은?

3D프린팅 기술은 기존의 성형가공이나 제거가공 방식으로는 구현하기 어려운 복잡한 형상 제작에 유리합니다. 특히 맞춤 설계, 경량화, 소량 맞춤 생산, 일체화 설계가 필요한 부분에 적합하며, 기존 제

조 방식으로는 불가능하거나 비효율적인 설계가 요구될 때 효과적인 대안이 됩니다.

### ◎ 경량화와 강도가 중요한 부품

항공기와 자동차 부품은 연료 효율 향상과 성능 개선을 위해 가볍지만 강한 구조가 요구됩니다. 3D프린팅은 내부를 비우거나 격자 구조(라티스 구조 lattice structure), 벌집형 구조 등을 손쉽게 구현할 수 있어 이러한 요구 조건을 충족하는 데 매우 적합한 기술입니다. 특히 격자 구조는 무게를 줄이면서도 충격을 흡수하고 구조적 강도를 유지할 수 있어 고성능 기계 부품에 효과적으로 적용되고 있습니다.

### ◎ [예시1] 라티스 구조 출력

3D프린팅은 항공기 엔진의 연료 노즐, 경량 자동차 프레임 등에서 격자 구조를 활용한 경량 설계에 적용할 수 있습니다. 이를 통해 전체 중량을 줄이면서도 필요한 강도는 그대로 유지할 수 있어 기존 가공 방식보다 무게 대비 성능이 우수한 부품 제작이 가능합니다.

아래 이미지는 라티스 구조의 대표적인 예시입니다.

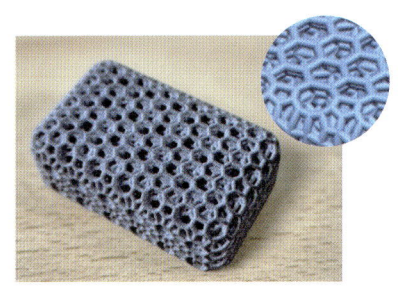

| 보로노이 구조

| 이십면체 구조

## [예시2] 전기차(EV) 배터리 케이스 출력

독일 포르츠하임 대학의 학생 레이싱 팀은 전기차 경주에 사용될 차량에 적합한 배터리 케이스를 직접 제작해야 했습니다. 이 케이스는 총 72개의 원통형 배터리 셀을 하나로 통합하여 고정할 수 있어야 했고, 전기 전도성을 피하기 위해 비금속 재질이면서도 높은 강도와 내열성을 갖춰야 하는 조건이 있었습니다.

이 팀은 전통적인 가공 방식 대신 FDM 방식의 3D프린팅과 고성능 열가소성 수지인 ULTEM™ 9085를 선택해 배터리 케이스를 제작했습니다. 복잡한 셀 배치 구조와 많은 구멍이 포함된 디자인은 기존 가공 방식으로는 제작이 어렵고 비효율적이었지만 3D프린팅을 통해 빠르고 경제적으로 제작할 수 있었습니다.

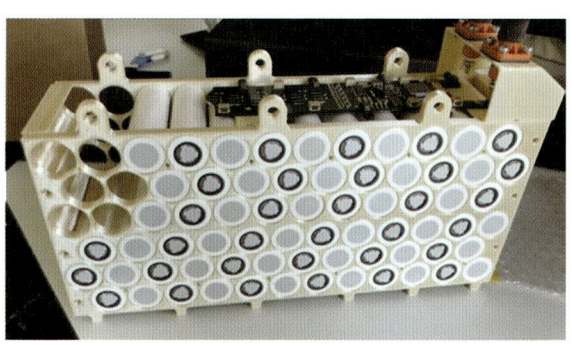

| 3D프린팅 전기차 배터리 케이스

## 복잡한 형상을 요구하는 부품

내부에 냉각 채널이 필요한 부품은 전통적인 가공 방식으로는 제작이 어렵습니다. 공구가 닿지 않는 내부 구조는 정밀하게 가공하기 어렵고, 복잡한 유로(유체가 흐르는 통로)는 비용과 시간 면에서 비효율적이기 때문입니다.

3D프린팅은 이러한 한계를 극복할 수 있습니다. 적층 방식의 특성상 자유로운 형상 설계가 가능하기 때문에 부품 내부에 정교한 유로를 쉽게 구현할 수 있습니다. 이를 통해 열 방출과 냉각 성능을 높여 부품 수명과 시스템 안정성을 향상시켜 줍니다.

예를 들어 금형 내부에 냉각 채널을 만들면, 성형 사이클을 단축하면서도 품질을 높일 수 있습니다. 또한 히트 싱크나 고속 모터 냉각기처럼 발열이 심한 부품에도 효율적인 냉각 설계를 적용할 수 있습니다.

최근에는 순수 구리를 금속 3D프린팅으로 출력해 고효율 냉각기를 제작한 사례도 등장했습니다. 모터 하우징, 펌프 유닛 등 다양한 열관리 부품에도 3D프린팅이 활용되고 있습니다.

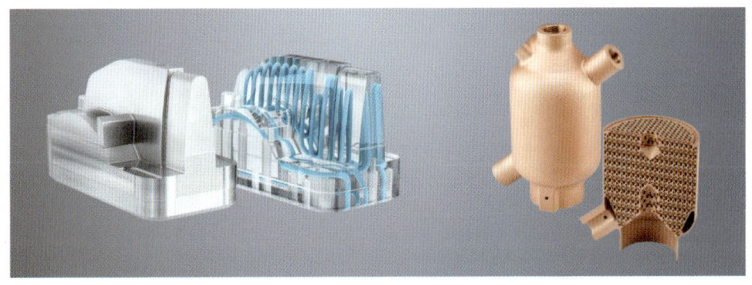

| 좌: 형상적응형 냉각 툴 인서트    | 우: PMS 구조의 가스 냉각기

## ◦ 개인 맞춤형 의료 기기 및 보철물

3D프린팅은 디지털 설계를 기반으로 하므로 환자의 신체 구조에 정확히 맞춘 부품 제작에 매우 유리합니다. 기존 가공 방식은 대량 생산

에는 효율적이지만, 환자 개개인에게 맞는 의료기기나 보철물을 소량 생산하기에는 시간과 비용 면에서 비효율적일 수 있습니다.

반면 3D프린팅은 CT나 MRI 등으로 얻은 의료 영상을 바탕으로 정밀한 디지털 모델을 생성합니다. 이를 토대로 환자 맞춤형 임플란트, 보청기 이어몰드, 의료기기 부품 등을 정확하고 빠르게 제작할 수 있습니다.

아래 이미지는 금속 3D프린팅으로 제작된 헤어룩스의 맞춤형 이어몰드로, 사용자에 맞는 완벽한 착용감으로 호평받고 있습니다.

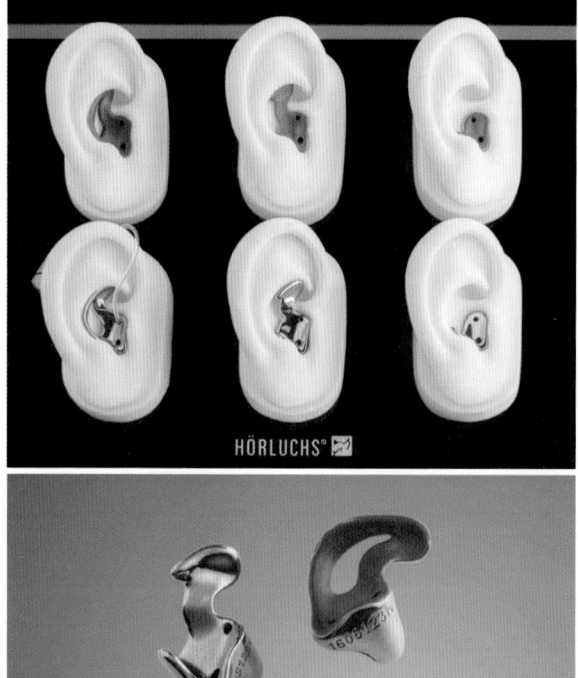

| 맞춤형 금속 3D프린팅 이어몰드

## 소량 맞춤 생산이 필요한 부품

3D프린팅은 생산 수량에 관계없이 제조가 가능합니다. 따라서 소량 의 특수 부품을 효율적으로 생산해야 하는 분야에 적합합니다. 전통 공정은 금형 비용과 가공 시간이 필요하기 때문에 소량 생산에는 비 효율적이지만, 3D프린팅은 필요할 때마다 단일 부품을 빠르게 출력 할 수 있습니다.

이러한 장점 덕분에 위성용 고정 장치, 방산 부품, 우주 탐사용 구조 체 등과 같이 고기능 부품을 맞춤형으로 소량 생산하는 분야에서 널 리 활용되고 있습니다. 국내 사례로는 해군 군함에 사용되는 통풍팬이 있습니다. 군함용 통풍팬을 3D프린팅으로 제작함으로써 비용을 93% 절감했으며, 유지보수 기간을 단축하고 작업 편의성도 크게 향상시켰 습니다.

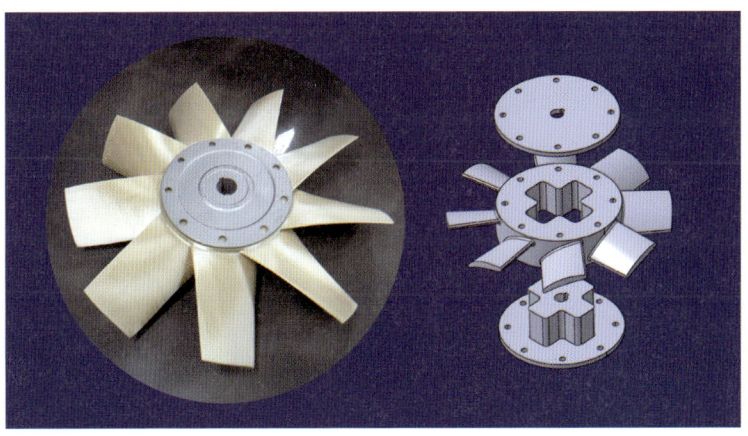

| 3D프린팅 군함용 통풍팬

## ○ 생체 친화적인 소재로 제작되는 의료용 임플란트

의료용 임플란트는 인체에 직접 삽입되기 때문에 생체 적합성이 매우 중요합니다. 3D프린팅은 티타늄 같은 생체 친화적 금속 소재를 사용해 복잡한 구조의 임플란트를 정밀하게 제작할 수 있어 이 분야에서 활발히 활용됩니다.

특히 적층 제조 방식은 임플란트 표면에 미세한 공극 구조를 형성해 뼈 조직의 유착과 고정력 향상에 효과적입니다. 기존 공정으로는 구현하기 어려운 이러한 정밀 구조도 3D프린팅으로는 비교적 쉽게 제작할 수 있습니다. 이 기술은 인공 고관절, 치과용 임플란트, 인공 관절 등 다양한 의료기기뿐 아니라 환자 맞춤형 수술 가이드, 수술 도구 등에도 적용되며 단기·장기 접촉용 의료 부품 제작에 점점 더 널리 사용되고 있습니다.

| 좌: 맞춤형 두개악안면 임플란트　　| 우: 치과용 크라운과 브릿지

## 내부 기능을 위한 복잡한 구조가 필요한 부품

일부 부품은 작동 성능을 높이기 위해 매우 정교한 내부 구조를 필요로 합니다. 예를 들어 연료 노즐은 내부에 복잡한 유로(유체가 흐르는 통로)를 형성해 연료의 혼합 비율을 최적화하고, 연소 효율을 높여야 합니다. 이처럼 내부 형상이 복잡한 부품은 절삭 가공이나 주조 방식으로는 구현하기 어렵습니다. 또한 제작 과정도 복잡하고 비효율적입니다.

반면 3D프린팅은 설계 데이터를 기반으로 정밀한 내부 구조를 그대로 출력할 수 있어 부품 성능을 크게 향상시킬 수 있습니다. 대표적인 예로는 항공기 엔진의 연료 노즐, 고효율 터빈 부품, 유압 분배기 등이 있습니다. 특히 유압 분배기는 기존 가공 방식보다 3D프린팅을 활용할 때 유로를 더 간결하고 효율적으로 설계할 수 있습니다. 그 결과 열 관리와 연료 소비 효율 개선에 효과적입니다. 아래 이미지는 기존 방식과 금속 3D프린팅으로 제작한 유압 분배기를 비교한 사례입니다.

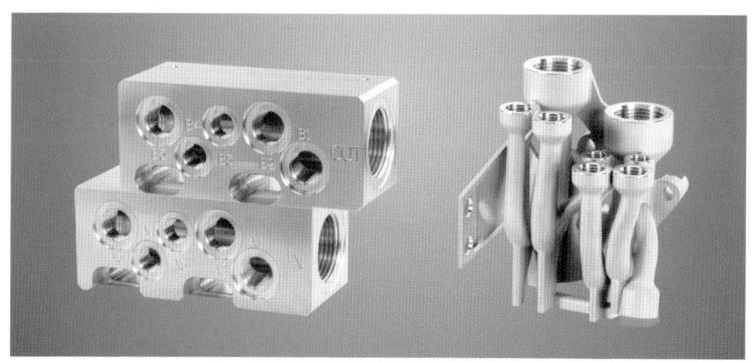

| 좌: 기존 방식으로 제작된 유압 분배기    | 우: 3D프린팅으로 제작된 유압 분배기

## 1-5. 3D프린팅에 걸리는 대략적인 시간은?

3D프린팅 시간은 여러 요인에 따라 크게 달라집니다. 일반적으로는 아래 요소들에 따라 인쇄 시간이 결정됩니다.

### ◉ 크기와 복잡성

모델이 크거나 복잡할수록 시간이 오래 걸립니다. 작은 부품은 몇 분에서 몇 시간 내에 완성될 수 있지만, 큰 모델은 하루 이상 걸릴 수 있습니다.

### ◉ 출력 방식

3D프린팅은 하나의 방식이 아니라 용융, 광경화, 분말 소결 등 다양한 원리를 바탕으로 한 7가지 주요 기술로 나뉩니다. 방식에 따라 출력 속도와 효율성에도 큰 차이가 생깁니다.

예를 들어 필라멘트를 녹여 한 줄씩 쌓는 방식은 느린 편입니다. 반면 액체 수지를 빛으로 굳히거나 분말을 소결하는 방식은 여러 부품을 한 번에 출력할 수 있어 더 효율적입니다. 또한 복수 부품 동시 출력에 최적화된 방식은 개별 출력 속도는 느려도 전체 생산성을 높일 수 있습니다.

### ◉ 해상도 (레이어 두께)

높은 해상도로 인쇄하면 레이어를 더 얇게 쌓기 때문에 더 긴 시간이 소요됩니다. 일반적으로 레이어 두께가 0.1mm 정도인 경우에는 섬세하지만 시간이 오래 걸리고, 0.3mm 이상이면 더 빠르게 인쇄됩니다.

## 내부 밀도 설정

3D프린팅에서는 부품 내부를 얼마나 촘촘히 채울지, 즉 인필 infill 밀도를 설정할 수 있습니다. 밀도를 낮추면 재료 소모가 줄고 출력 속도도 빨라지지만 기계적 강도가 떨어질 수 있습니다. 반대로 강도가 중요한 부품에는 높은 밀도가 필요하며, 출력 시간도 길어집니다.

## 1-6. 3D프린팅에 필요한 대략적인 비용은?

3D프린팅의 비용은 의뢰한 부품의 크기, 복잡성, 사용 재료, 그리고 서비스 제공자의 가격 정책에 따라 크게 달라질 수 있습니다. 일반적으로 고려되는 비용 요소는 다음과 같습니다.

## 재료 비용

3D프린팅에 사용되는 가장 일반적인 재료는 플라스틱(PLA, ABS, Nylon, PC 등)으로, 1kg당 약 2만 원에서 30만 원 정도입니다. 금속 3D프린팅에 사용되는 금속 파우더는 가격이 훨씬 높아, 1kg당 30만 원 이상일 수 있습니다. 사용되는 재료의 종류와 양에 따라 최종 비용이 결정됩니다.

## 프린팅 시간

프린팅 시간도 비용에 큰 영향을 미칩니다. 출력 시간이 길어질수록 장비 사용료와 운영비가 늘어납니다. 일반적으로 형상이 복잡하거나 크기가 큰 부품, 높은 정밀도를 요구하는 출력은 시간이 더 오래 걸리며, 재출력이 발생하면 시간과 비용이 추가로 증가합니다.

## ○ 후처리 작업

출력 후에 연마, 도색, 표면 처리와 같은 추가 작업이 필요할 경우 후처리 비용이 발생합니다. 단순한 후처리는 비교적 저렴하지만 복잡한 작업이 필요한 경우 비용이 크게 증가할 수 있습니다.

## ○ 서비스 제공자 수수료

3D프린팅 서비스 비용에는 파일 준비, 설정, 기본 수수료 등이 포함되며, 온라인 서비스는 파일 업로드, 견적 확인, 배송 등의 추가 비용이 발생할 수 있습니다. 단순 플라스틱 부품은 몇만 원에서 몇십만 원, 복잡한 금속 부품이나 대형 구조물은 수십만 원에서 수백만 원, 특수 소재 정밀 부품은 수백만 원에서 수천만 원까지 비용이 달라집니다. 비용은 재료, 장비, 출력물 특성에 따라 크게 변동되므로 용도에 맞는 재료와 장비를 선택하고 사전에 예상 비용을 확인하는 것이 중요합니다.

## 1-7. 3D프린팅이 가능한 크기는?

3D프린팅 기술은 사용되는 프린터와 기술에 따라 다양한 크기의 부품 제작이 가능합니다. 나노 단위의 작은 부품부터 초대형 구조물까지 제작할 수 있어 그 활용 범위가 매우 넓습니다.

## ○ 초소형 부품

3D프린팅은 나노미터 $nm$ 나 마이크로미터 $\mu m$ 단위의 정밀도가 필요한 초소형 부품도 제작할 수 있는 기술입니다. 이러한 고정밀 출력은 주로 전자기기 부품, 의료용 임플란트, 정밀 센서, 생체 조직 모델 등 매

우 작은 부품이 필요한 분야에서 활용됩니다.

특히 액조 광경화 방식(예: SLA, DLP)은 레이저나 빛을 이용해 액체 수지를 굳히는 방식으로 정밀한 구조와 매끄러운 표면을 구현하는 데 적합합니다. 이 기술을 활용하면 육안으로 확인하기 어려운 복잡한 형상도 정밀하게 출력할 수 있습니다. 이러한 장점 덕분에 의료·전자·정밀공학 분야에서 활발히 활용되고 있습니다.

### 소형 및 중형 부품

일반 데스크톱 재료 압출 방식(예: FDM, FFF) 프린터로는 약 10×10×10cm에서 30×30×30cm 크기의 부품을 손쉽게 제작할 수 있습니다. 의수, 의족과 같은 의료 보조기구, 가정용 소품, 기계 부품 등의 다양한 출력물이 이 범위에 포함됩니다.

### 대형 부품

3D프린팅으로 1m³ 이상의 크기를 가진 대형 부품도 제작할 수 있습니다. 이를 위해 특별히 설계된 산업용 장비는 넓은 작업 공간을 갖추고 있으므로 자동차 외장 부품, 항공기 내부 패널, 맞춤형 가구처럼 크기가 큰 제품도 출력할 수 있습니다. 대형 부품은 한 번에 출력하거나 여러 조각으로 나눠 제작한 후 조립하는 방식으로 완성할 수 있습니다. 이러한 방식은 기존 제조 방식보다 설계 유연성과 제작 효율을 높이는 데 큰 도움이 됩니다.

### 초대형 구조물

3D프린팅 기술은 이제 수 미터에 달하는 초대형 구조물 제작에도 활용되고 있습니다. 특수한 장비와 콘크리트 소재를 사용하면 건축용 벽체, 조형물, 심지어 주택 구조물까지도 출력할 수 있습니다. 이러한 기술은 기존 공법보다 공사 기간과 인력, 자재 낭비를 줄일 수 있어 전 세계적으로 많은 관심을 받고 있습니다. 실제로 일부 지역에서는 3D프린팅으로 지어진 주택이 상용화되기도 했습니다.

이와 같이 3D프린팅 기술을 활용하면 나노미터 수준의 소형 부품에서부터, 수 미터 이상의 초대형 구조물까지 모두 제작할 수 있습니다.

## 1-8. 3D프린팅으로 제작된 부품의 강도는?

3D프린팅으로 제작된 부품의 강도는 사용되는 재료, 프린팅 방식, 그리고 내부 구조에 따라 크게 달라집니다. 이러한 요소들은 출력물이 실제 환경에서 얼마나 잘 견딜 수 있는지를 결정짓는 중요한 기준이 됩니다.

### ○ 재료의 종류에 따른 강도 비교

3D프린팅 부품의 강도는 '무엇으로 출력했는가'에 좌우됩니다. 소재가 달라지면 최종 강도도 달라집니다.

표3. 3D프린팅 소재 종류별 강도 특성

| 소재 | 설명 |
| --- | --- |
| 플라스틱 소재 | - PLA, ABS, PETG 등 일반적인 중간 강도의 플라스틱<br>- 일상용 기계 부품, 시제품 제작에 적합<br>- PLA: 출력이 쉬우며 단단하지만 충격에 약함<br>- ABS: 내충격성이 뛰어나고 기계적 부품에 많이 사용됨 |
| 고강도 소재 | - 나일론, PEEK, PEKK 등 고성능 플라스틱<br>- 높은 내열성, 인성, 내마모성으로 항공 및 산업용 부품에 적합<br>- 금속급 강도 제공 가능, 다양한 기계적 응용에 적합 |
| 복합 소재 | - 탄소섬유나 유리섬유로 강화된 플라스틱<br>- 강하고 가벼워 고강도 부품 제작에 자주 사용 |
| 금속 소재 | - 티타늄, 알루미늄, 스테인리스강 등 금속<br>- 기존 금속 가공 방식에 준하는 강도와 내열성을 구현<br>- 항공기 부품, 엔진 부품 등 고성능 부품 제작에 활용 |

## ◦ 프린팅 방식에 따른 강도 차이

3D프린팅은 방식에 따라 적층 구조와 결합 방식이 달라지기 때문에, 최종 강도 특성도 달라집니다.

표4. **3D프린팅 방식별 강도**

| 방식 | 설명 |
| --- | --- |
| FDM : <br> 재료 압출 방식 | - 비교적 저렴하고 널리 사용되는 방식 <br> - 층을 하나씩 쌓는 방식이라, 층간 접합부(Z축 방향)의 강도가 낮을 수 있음 <br> - 인쇄 방향(적층 방향)에 따라 기계적 물성이 달라지는 경향 <br> - 고성능 장비와 소재(CF 나일론 등)를 활용하면 항공·자동차용 구조 부품도 제작 가능 |
| SLA 및 DLP : <br> 액조 광경화 방식 | - 고해상도, 우수한 표면 품질을 제공 <br> - 기본 수지는 비교적 취성이 있어 깨지기 쉬움 <br> - 고강도 액상 수지를 사용하면 내충격성과 내열성이 향상된 부품 제작 가능 |
| SLS 및 MJF : <br> 분말 베드 융해 방식 | - 주로 나일론 기반의 열가소성 분말 사용 <br> - 레이저 또는 열원을 통해 분말을 소결하여 강한 결합력 확보 <br> - 높은 강도와 내구성이 요구되는 산업용 부품 제작에 적합 <br> - 인필이 균일해 기계적 특성이 전 방향으로 안정적 |
| 금속 3D프린팅 : <br> 분말 베드 융해 방식 | - 티타늄, 알루미늄, 스테인리스강 등 고강도 금속 사용 <br> - 기존 가공 방식 수준의 기계적 강도 확보 가능 <br> - 항공우주, 방산, 자동차 분야에서 실제 부품으로 사용 중 |

## ◦ 인필(Infill) 밀도와 레이어 두께에 따른 강도 변화

3D프린팅에서 출력물의 강도는 인필 밀도와 레이어 두께 설정에 크게 좌우됩니다. 인필 밀도가 높을수록 내부가 촘촘히 채워져 강도가 증가하지만, 그만큼 무게와 출력 시간도 늘어납니다. 또한 레이어 두

께를 얇게 설정하면 층간 결합이 더 견고해져 출력물의 정밀도와 강도가 함께 향상됩니다. 실제로 내구성이 중요한 부품은 80~100%의 인필 밀도로 출력되어 거의 속이 꽉 찬 구조에 가깝게 제작됩니다.

### 후처리 작업에 따른 강도 차이

출력 후 진행되는 후처리 작업도 부품의 강도를 높이는 데 중요한 역할을 합니다. 금속 출력물의 경우 후열처리나 소결, 표면 코팅 등을 통해 기계적 성능과 내구성이 크게 향상됩니다. 플라스틱 부품도 접착 강화, 도포 코팅, 후경화 같은 과정을 거치면 구조적 안정성과 사용 수명이 개선됩니다.

이와 같이 사용되는 재료와 출력 조건에 따라 강도가 크게 달라집니다. 일반적으로 플라스틱 소재는 중간 정도의 강도를 가집니다. 복합 소재나 고성능 플라스틱은 이보다 더 높은 기계적 강도를 제공합니다. 금속 출력물은 후처리 과정을 거치면 기존 금속 가공품과 유사한 수준의 강도와 내구성을 갖출 수 있습니다. 이 때문에 고하중 구조물이나 산업용 부품에도 널리 활용됩니다.

# 2. 3D프린팅 기술 및 재료:
## 최적의 도입을 위한 기본정보

# 2. 3D프린팅 기술 및 재료: 최적의 도입을 위한 기본정보

## 2-1. 3D프린팅의 주요 기술과 특징은?

ASTM <sup>American Society for Testing and Materials</sup>은 3D프린팅 기술을 7가지 방식으로 분류합니다.

표5. **3D프린팅의 기술에 따른 분류**

| 구분 | 방식 | |
|---|---|---|
| 1 | 재료 압출 – Material Extrusion | A: 보급형 FFF |
| | | B: 산업용 FDM |
| 2 | 액조 광경화 – Vat Photopolymerization | |
| 3 | 분말 베드 융해 – Powder Bed Fusion | |
| 4 | 접착제 분사 – Binder Jetting | |
| 5 | 재료 분사 – Material Jetting | |
| 6 | 판재 적층 – Sheet Lamination | |
| 7 | 에너지 제어 융착 – Directed Energy Deposition | |

# #1-A
## 재료 압출: 보급형 FFF

| 분류 | 내용 |
|---|---|
| 정의 | FFF(Fused Filament Fabrication)<br>- 열가소성 플라스틱 필라멘트를 가열·용융하여 노즐을 통해 층층이<br>  적층하는 방식 |
| 특징 | - 가장 널리 보급된 3D프린팅 방식<br>- 가정용 및 소규모 작업실에 적합한 저가형 장비<br>- 오픈소스 기반이 많아 커스터마이징 용이<br>- PLA, ABS 등 범용 소재 사용이 쉬움 |
| 장점 | - 유지비와 장비 가격이 낮아 진입 장벽이 낮음<br>- 다양한 색상과 필라멘트 재료 사용 가능<br>- 조작이 간편하고 학습 곡선이 낮음 |
| 단점 | - 출력 품질이 다소 낮고 정밀도나 반복성이 부족함<br>- 내열성 및 기계적 강도가 떨어져 기능성 파트에는 한계 |
| 주요 적용분야 | 교육, 메이커 활동, 디자인 시제품, 취미용 제품/모형 제작 |

# #1-B

## 재료 압출: 산업용 FDM

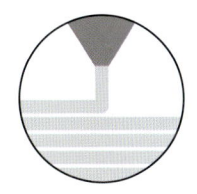

| 분류 | 내용 |
|---|---|
| 정의 | FDM(Fused Deposition Modeling)<br>- 열가소성 플라스틱 필라멘트를 가열·용융하여 노즐을 통해 층층이 적층하는 방식<br>- 산업 환경에서 품질·반복성·소재 성능을 확보하도록 장비/공정 제어가 강화된 재료압출 방식 |
| 특징 | - 전문 제조 환경에 적합한 고성능 장비(챔버/온도/공정 제어 등)<br>- PC, ASA, ULTEM, PPSU 등 고강도·고내열 플라스틱 사용<br>- 높은 반복 정확도와 안정적인 출력 품질 제공 |
| 장점 | - 엔지니어링 소재 기반으로 강도·내열·내화학성 확보 가능<br>- 지그/툴링/구조 부품 및 기계 부품 제작 가능<br>- 치수 안정성이 우수하여, 대형 출력 및 최종 제품 생산에도 활용 가능 |
| 단점 | - 장비 및 재료 단가가 높아 초기 투자 비용 큼 |
| 주요 적용분야 | 항공우주, 자동차, 방산, 산업용 공정 파트, 맞춤형 제조 |

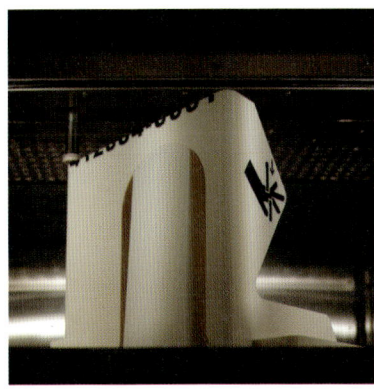

# #2

## 액조 광경화 (Vat Photopolymerization)

| 분류 | 내용 |
|---|---|
| 정의 | - 액체 상태의 광경화성 수지를 자외선(UV) 광원을 이용해 선택적으로 경화시켜 층층이 적층하는 방식<br>- 대표기술 : SLA(Stereolithography), DLP(Digital Light Processing) |
| 특징 | - 매우 높은 정밀도와 매끄러운 표면 구현<br>- 얇은 레이어와 세밀한 디테일 표현 가능<br>- 복잡한 형상의 시각적 모델링에 적합 |
| 장점 | - 복잡하고 정밀한 부품 제작에 매우 유리<br>- 후가공이 적은 고품질 표면 구현<br>- 시각화 모델, 디자인 목업에 탁월 |
| 단점 | - 후경화 및 세척 등 후처리 공정 필요<br>- 출력 중 특유의 냄새 발생 가능<br>- 일부 수지는 충격 강도나 내구성이 낮을 수 있음 |
| 주요 적용분야 | 보석 디자인, 시각적 프로토타이핑, 해부학 모델, 정밀 부품 |

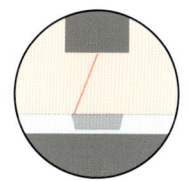

# #3

## 분말 베드 융해 (Powder Bed Fusion)

| 분류 | 내용 |
|---|---|
| 정의 | - 분말 상태의 재료를 층층이 깔고, 레이저나 열원을 이용해 선택적으로 융해시켜 부품을 제작하는 방식<br>- 대표기술 : SLS(Selective Laser Sintering), SAF(Selective Absorption Fusion), MJF(Multi Jet Fusion), L-PBF(Laser Powder Bed Fusion) 등 |
| 특징 | - 복잡한 형상 구현이 가능하며 서포트가 거의 불필요함<br>- 내구성이 높은 플라스틱 및 금속 부품 제작 가능<br>- 분말 재료를 재사용 가능(기술에 따라 다름) |
| 장점 | - 고강도, 고정밀의 기능성 부품 제작 가능<br>- 복수의 부품을 동시에 출력 가능<br>- 재료 선택 폭이 넓고 산업용에 적합 |
| 단점 | - 장비 및 재료 비용이 높음<br>- 출력 표면이 거칠어 별도 후처리 필요<br>- 분말 취급 시 작업 안전 및 환경 관리 필요 |
| 주요 적용분야 | 항공우주 부품, 자동차 부품, 로봇 부품, 생산용 최종 파트, 의료용 임플란트 |

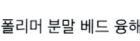

폴리머 분말 베드 융해

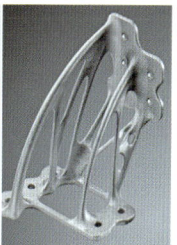

금속 분말 베드 융해

# #4
## 접착제 분사(Binder Jetting)

| 분류 | 내용 |
|---|---|
| 정의 | - 분말 재료층 위에 액상 바인더(접착제)를 선택적으로 분사하여 재료를 결합시키는 방식 |
| 특징 | - 금속, 세라믹, 모래, 석고 등 다양한 분말 재료에 적용 가능<br>- 출력 속도가 빠르고 복잡한 형상 구현에 적합<br>- 출력 시 고온이 필요 없어 에너지 효율이 높음 |
| 장점 | - 빠른 제작 속도<br>- 다양한 분말 소재 사용 가능<br>- 대량 생산에 적합 |
| 단점 | - 최종 제품의 강도가 낮아 후처리(소결 등) 필요<br>- 강도 요구 제품에는 부적합할 수 있음 |
| 주요 적용분야 | 모형 제작, 금속 주조용 패턴, 예술품 제작, 금속 부품 초기 형상 제작, 조형 샘플 부품 |

# #5

## 재료 분사(Material Jetting)

| 분류 | 내용 |
|---|---|
| 정의 | - 잉크젯 프린터처럼 액체 상태의 재료를 분사하고 자외선(UV)으로 즉시 경화시키며 형상을 만들어내는 방식<br>- 대표 기술: PolyJet, MultiJet |
| 특징 | - 매우 높은 해상도와 정밀도 제공<br>- 다양한 색상과 재료를 동시에 출력 가능 |
| 장점 | - 다양한 색상과 재질을 조합하여 사실적인 시제품 제작 가능<br>- 별도 도색 없이도 고품질 시각 모델 제작 가능<br>- 정밀하고 복잡한 디자인 표현에 적합 |
| 단점 | - 재료 비용이 높고 내구성은 비교적 낮은 편<br>- 경화된 재료는 시간이 지남에 따라 황변 가능성이 있음 |
| 주요 적용분야 | 의료 해부학 모델, 마케팅용 모형, 디자인 컨셉 모델, 시각적 모델 |

# #6
## 판재 적층 (Sheet Lamination)

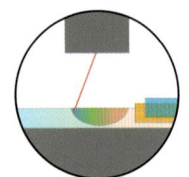

| 분류 | 내용 |
|------|------|
| 정의 | - 얇은 시트 형태의 재료를 한 장씩 절단하고 접착제로 층층이 결합하여 형상을 만드는 방식<br>- 대표 기술 : LOM(Laminated Object Manufacturing), UAM(Ultrasonic Additive Manufacturing) |
| 특징 | - 절삭과 적층을 병행하여 제작<br>- 비교적 빠른 제작 속도<br>- 다양한 재료 사용 가능(금속 시트, 종이 시트 등) |
| 장점 | - 대형 부품 제작에 유리<br>- 재료 비용이 낮고 낭비가 적음<br>- 다양한 재료와의 복합 활용이 용이 |
| 단점 | - 정밀도와 복잡도 면에서는 다른 방식에 비해 제한적<br>- 층 사이 접합 강도가 낮을 수 있음<br>- 후가공 없이 사용하기 어려움 |
| 주요 적용분야 | 대형 목업, 패키징, 산업용 모형 제작, 단순 구조물 제작 |

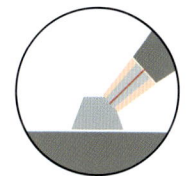

# #7
## 에너지 제어 융착(Directed Energy Deposition)

| 분류 | 내용 |
|---|---|
| 정의 | - 금속 분말이나 와이어를 고에너지 광원(레이저, 전자빔, 플라즈마 등)으로 녹여, 원하는 부위에 직접 증착하는 방식<br>- 대표 기술 : DED(Directed Energy Deposition) |
| 특징 | - 금속 부품의 보수 또는 보강에 적합<br>- 기존 부품 위에 직접 적층 가능 |
| 장점 | - 고강도 금속 부품 제작 가능<br>- 기존 부품 수리 및 부분 보완에 효과적<br>- 다양한 금속 소재 사용 가능 |
| 단점 | - 장비 및 재료 비용이 높음<br>- 고도의 기술적 조작 필요<br>- 형상 정밀도에 한계 있어 주로 보수·증착에 활용됨 |
| 주요 적용분야 | 항공우주, 방위산업, 금속 부품 보수 및 제작 및 고가의 맞춤형 금속 부품 생산 |

## 2-2. 3D프린팅 재료의 종류 및 특징은?

3D프린팅은 응용 분야에 따라 다양한 재료를 사용합니다. 크게 플라스틱, 금속, 세라믹, 복합재료, 바이오 재료로 나눌 수 있으며, 각각 고유한 특성과 활용처를 가지고 있습니다.

### ○ 플라스틱 재료

열가소성 플라스틱은 3D프린팅에서 가장 널리 쓰이는 재료군으로, 가볍고 가공이 쉬우며 다양한 제품군에 적용됩니다. ABS, PLA, TPU, PC, ULTEM과 같은 재료가 대표적입니다.

| (왼쪽부터) ABS, TPU, ABS-ESD, Ultem

### ○ 금속 재료

금속은 강도와 내구성이 뛰어나 고하중이나 고온 환경에서도 안정적인 성능을 발휘합니다. 항공우주, 자동차, 의료 분야에서 폭넓게 사용되며, 대표적으로 티타늄, 스테인리스 스틸, 알루미늄, 코발트-크롬$^{Co-Cr}$ 합금, 구리 등의 재료가 사용됩니다.

| (왼쪽부터) Ti64, Stainless steel, AlSi10Mg

## ○ 세라믹 재료

세라믹은 탁월한 내열성, 절연성, 내마모성을 지닌 소재로, 극한 환경에서도 안정적인 특성을 유지합니다. 주로 치과용 크라운, 엔진 내부 부품, 전자기기 절연체, 내열 구조체, 의료용 세라믹 부품 등에 사용되며, 고온 및 고내식성이 요구되는 분야에서 활용됩니다.

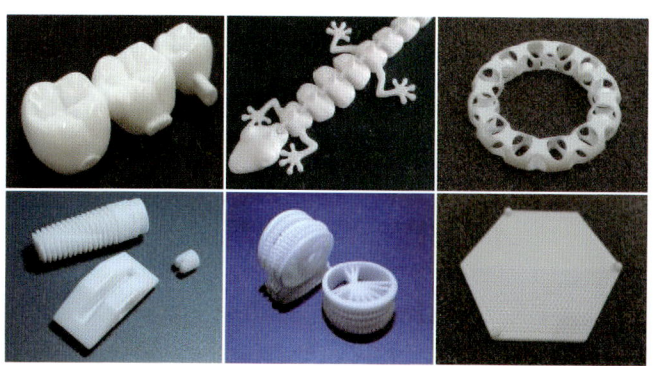

| 세라믹 3D프린팅 파트

## ○ 복합재료

복합재료는 카본 섬유나 유리 섬유 등을 플라스틱에 혼합해 강도와 경량성을 동시에 확보한 소재입니다. 일반 플라스틱보다 훨씬 강하면서도 무게는 가벼워, 드론, 스포츠 장비, 자동차 및 항공기 부품 등에서 널리 사용됩니다. 특히 고성능이 요구되는 경량 구조물 제작에 적합합니다.

| 복합재료 3D프린팅 파트

## ○ 바이오 재료

바이오 재료는 인체에 안전하고 생체 적합성이 높아 의료·생명과학 분야에 활용됩니다. 하이드로젤, 콜라겐, 젤라틴 등은 조직공학, 피부 재생, 생체 삽입물 제작에 적합하며, 3D 바이오 프린팅과 결합해 환자 맞춤형 조직이나 장기 모델을 만드는 데 사용됩니다.

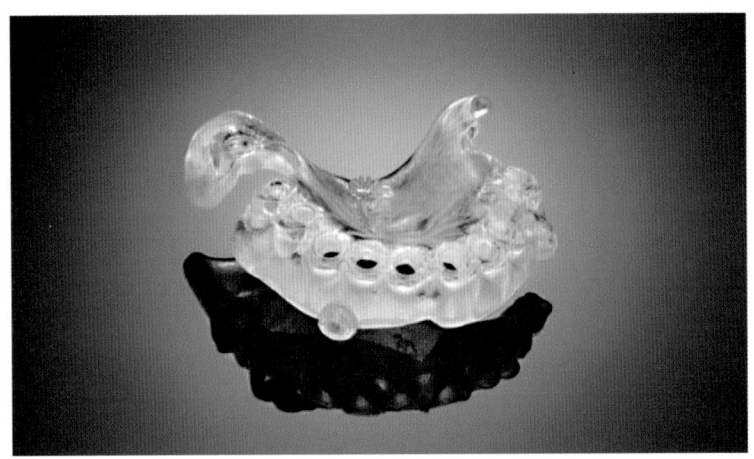

| ISO 10993 등 기준에 따라 정해진 조건에서 생체 안전성이 검증된 소재 (사진: Stratasys 제공)

3D프린팅에는 이처럼 다양한 재료가 활용됩니다. 범용 플라스틱처럼 저렴하고 쉽게 사용할 수 있는 소재부터, Ultem이나 그래핀처럼 특수한 기술적 요구를 만족하는 고성능 소재까지 존재합니다.

재료 선택은 단순히 출력의 문제가 아닙니다. 기계적 성능, 사용 환경, 비용, 출력 방식 등 다양한 요소를 종합적으로 고려해 결정해야 합니다. 기술이 발전함에 따라 3D프린팅 재료의 종류와 적용 분야도 계속 확대되고 있습니다.

**표6. 3D프린팅 재료의 분류**

| 분류 | | 내용 |
|---|---|---|
| 플라스틱 | 필라멘트<br>Filament | PLA(Polylactic Acid) |
| | | ABS(Acrylonitrile Butadiene Styrene) |
| | | PETG(Polyethylene Terephthalate Glycol) |
| | | TPU(Thermoplastic Polyurethane) |
| | | 나일론(Nylon) |
| | | 탄소섬유 강화 필라멘트(Carbon Fiber Reinforced Filament) |
| | | 고성능 엔지니어링 필라멘트(Ultem, Antero, PEEK, PEKK) |
| | 액상형 레진<br>Liquid Resins | 표준 레진(Standard Resin) |
| | | 고강도 레진(High-Strength Resin) |
| | | 실리콘 레진(Silicone Resin) |
| | | 투명 레진(Transparent Resin) |
| | 파우더<br>Powder Materials | 나일론 파우더(Nylon Powder) |
| | | TPU 파우더(Thermoplastic Polyurethane Powder) |
| | | PP(폴리프로필렌, Polypropylene) |
| 금속 | | 스테인리스 스틸(Stainless Steel) |
| | | 알루미늄(Aluminum) 및 알루미늄 합금 |
| | | 티타늄(Titanium) 및 티타늄 합금 (Ti6Al4V) |
| | | 니켈 기반 합금(Inconel, Hastelloy 등) |
| | | 코발트-크롬 합금(Cobalt-Chromium Alloy) |
| | | 구리(Copper) 및 구리 합금 |
| | | 텅스텐(Tungsten) |
| 세라믹 | | 알루미나(Alumina, $Al_2O_3$) |
| | | 지르코니아(Zirconia, $ZrO_2$) |
| | | 실리카(Silica, $SiO_2$) |
| | | 탄화규소(Silicon Carbide, SiC) |
| | | 질화알루미늄(Aluminum Nitride, AlN) |
| | | 베릴리아(Beryllium Oxide, BeO) |
| 바이오 프린팅 | | 하이드로젤(Hydrogel) |
| | | 천연 폴리머(Natural Polymers) |
| | | 합성 폴리머(Synthetic Polymers) |
| | | 세포 기반 재료(Cell-Based Materials) |
| | | ECM(Extracellular Matrix, 세포외기질) |
| 기타 | 건축 소재 | 콘크리트 기반의 재료 |
| | 전도성 소재 | 전도성 잉크 기반 재료 |
| | 식품 소재 | 초콜릿, 설탕, 반죽, 식물성 단백질 등 |

## 2-3. 플라스틱 3D프린팅 재료의 특성은?

### ○ 필라멘트 (Filament)

고체형 필라멘트 플라스틱은 FDM <sup>Fused Deposition Modeling</sup> 방식에서 주로
사용됩니다. 종류가 다양하여 여러 응용 분야에서 활용되고 있습니다.

표7. **PLA (Polylactic Acid)**

| 분류 | 내용 |
|------|------|
| 특징 | - 생분해성 폴리머로 환경친화적<br>- 열수축률이 낮아 프린팅이 용이<br>- 다양한 색상과 마감 처리 가능 |
| 장점 | - 취급이 쉬움, 저온에서도 출력 가능<br>- 냄새 거의 없음, 인체에 비교적 안전 |
| 단점 | - 내열성이 낮아 고온 환경에 취약<br>- 충격 강도나 연성(인성)이 ABS보다 낮음<br>- 장기 사용 시 내구성 저하 가능 |
| 주요 적용분야 | 교육용 모델, 프로토타입, 장식품, 소비자용 제품 등 |
| 사용 가능방식 | FDM |

## 표8. ABS (Acrylonitrile Butadiene Styrene)

| 분류 | 내용 |
|---|---|
| 특징 | - 강도와 내열성이 우수한 열가소성 플라스틱<br>- 충격 저항력이 높아 견고한 부품 제작에 적합 |
| 장점 | - 내구성과 강도가 높음<br>- 다양한 산업용 부품에 적합<br>- 열 변형에 강하고 고온 환경에서도 안정적 |
| 단점 | - 수축률이 높아 프린팅 중 변형이 발생할 수 있음 |
| 주요 적용분야 | 자동차 부품, 전자기기 케이스, 산업용 프로토타입 등 |
| 사용 가능방식 | FDM |

## 표9. PETG (Polyethylene Terephthalate Glycol)

| 분류 | 내용 |
|---|---|
| 특징 | - 높은 투명도와 내화학성을 지닌 열가소성 플라스틱<br>- 유연성과 강도의 균형이 뛰어남 |
| 장점 | - ABS보다 취급이 쉬움<br>- PLA보다 내구성이 우수<br>- 수분 흡수 적고 안정적인 출력 가능<br>- 높은 인장 강도와 유연성 제공 |
| 단점 | - 적절한 프린팅 설정이 필요<br>- 유연성이 과도하면 정밀도가 낮아질 수 있음<br>- 노즐 주위에 필라멘트가 들러붙는 현상으로 관리 필요 |
| 주요 적용분야 | 식품용 용기, 투명 부품, 내화학성 부품 |
| 사용 가능방식 | FDM |

## 표10. **TPU (Thermoplastic Polyurethane)**

| 분류 | 내용 |
|------|------|
| **특징** | - 고유연성과 탄력성을 지닌 열가소성 폴리우레탄<br>- 내마모성, 내충격성 우수 |
| **장점** | - 신축성, 유연성 뛰어남<br>- 다양한 응용 가능<br>- 내구성이 높아 지속적 사용에 적합<br>- 경도 등급 다양, 선택 폭 넓음 |
| **단점** | - 프린팅 난이도 높음<br>- 노즐 막힘, 느린 프린팅 속도, 고온 요구<br>- 유연성으로 인해 필라멘트 감김 문제 발생 가능 |
| **주요 적용분야** | 신발 깔창, 보호 케이스, 유연한 연결부, 의료용 소품 등 |
| **사용 가능방식** | FDM |

## 표11. **나일론 (Nylon)**

| 분류 | 내용 |
|------|------|
| **특징** | - 높은 내구성과 유연성, 우수한 충격 저항성 보유 |
| **장점** | - 강도와 유연성의 균형이 우수<br>- 다양한 색상 및 투명도 구현 가능<br>- 내마모성, 내화학성 뛰어남 |
| **단점** | - 수분 흡수로 인한 품질 저하 가능<br>- 건조 및 후처리 과정 필요 |
| **주요 적용분야** | 기계 부품, 기능성 부품, 프로토타입, 소비자용 제품 등 |
| **사용 가능방식** | FDM |

**표12. 탄소섬유 강화 필라멘트 (Carbon Fiber Reinforced Filament)**

| 분류 | 내용 |
| --- | --- |
| 특징 | - 탄소 섬유가 강화된 플라스틱 필라멘트<br>- 높은 인장 강도와 경량성 제공 |
| 장점 | - 높은 강도와 경량화로 성능 향상 가능<br>- 내열성, 내구성 우수<br>- 경량화된 고강도 부품 제작에 적합 |
| 단점 | - 비용이 높음<br>- 프린터 노즐 마모 우려 있어, 강화 노즐 필요함<br>- 고온 출력이 가능한 장비 환경 필요 |
| 주요 적용분야 | 항공우주, 자동차, 고성능 스포츠 장비, 산업용 부품, 제조 툴링 등 |
| 사용 가능방식 | FDM(특수 노즐 필요) |

**표13. 고성능 엔지니어링 필라멘트 (Ultem, Antero, PEEK, PEKK)**

| 분류 | 내용 |
| --- | --- |
| 특징 | - 난연성 고성능 열가소성 필라멘트<br>- FST 인증(불꽃, 연기, 독성) 확보 |
| 장점 | - 높은 내열성(약 217℃까지 연속 사용 가능)<br>- 기계적 강도 및 내구성 우수<br>- 화학적 저항성 뛰어나 의료·항공·자동차 산업에 적합 |
| 단점 | - 일반 필라멘트 대비 비용이 높음<br>- 산업용 전용 장비 필요<br>- Stratasys Fortus 시리즈 등 고성능 장비 필요 |
| 주요 적용분야 | - 항공우주, 자동차, 의료, 제조용 지그, 산업용 프로토타입<br>- 고강도·정밀성이 요구되는 기능성 프로토타입 제작 등 |
| 사용 가능방식 | FDM |

## ◉ 액상형 레진 (Liquid Resin)

액상형 레진은 주로 SLA <sup>Stereolithography</sup>나 DLP <sup>Digital Light Processing</sup> 방식에서 사용되며, 부드러운 표면 마감과 세밀한 디테일을 제공합니다. 다양한 종류의 레진이 있으며, 각기 다른 특성을 지니고 있습니다.

**표14. 표준 레진 (Standard Resin)**

| 분류 | 내용 |
|------|------|
| 특징 | - 다양한 색상과 경화 특성 제공<br>- 표면 품질이 우수하고 디테일이 뛰어남 |
| 장점 | - 세밀한 디테일, 부드러운 표면 마감<br>- 투명한 제품 포함 다양한 색상 구현 가능<br>- 경화 속도 빠름 |
| 단점 | - 내구성 낮고, 기계적 응용에 부적합<br>- UV 빛 노출 시 변색 우려<br>- 경화 후 취성 발생 가능 |
| 주요 적용분야 | 프로토타입, 예술 작품, 장식품, 소형 부품 등 |
| 사용 가능방식 | SLA, DLP, PolyJet |

**표15. 고강도 레진 (High-Strength Resin)**

| 분류 | 내용 |
|------|------|
| 특징 | - 강화된 기계적 특성으로 내구성과 강도가 높음 |
| 장점 | - 표준 레진 대비 강도·내구성 우수<br>- 더 큰 하중 견딜 수 있어 기능성 부품 제작에 적합 |
| 단점 | - 프린팅 비용 증가<br>- 경화 시간 길어질 수 있음<br>- 높은 경도·강도 때문에 취성 증가 가능 |
| 주요 적용분야 | 기능성 프로토타입, 내구성이 필요한 부품, 구조적 모델 |
| 사용 가능방식 | SLA, DLP, PolyJet |

표16. **실리콘 레진 (Silicone Resin)**

| 분류 | 내용 |
|------|------|
| 특징 | – 실리콘의 유연성과 내열성을 모방한 레진<br>– 주로 탄력성 있는 부품 제작에 사용 |
| 장점 | – 신축성, 탄력성 우수<br>– 내열성 뛰어나 다양한 환경에서 사용 가능 |
| 단점 | – 프린팅 난이도 높음, 특수 장비 필요<br>– 후처리 과정 복잡할 수 있음<br>– 비용이 높고, 사용 사례에 제한 존재 |
| 주요 적용분야 | 의료용 소품, 유연한 연결부, 보호 케이스, 탄성 부품 등 |
| 사용 가능방식 | SLA, DLP |

표17. **투명 레진 (Transparent Resin)**

| 분류 | 내용 |
|------|------|
| 특징 | – 투명한 최종 제품 제작 가능<br>– 높은 투명도와 광투과성 보유 |
| 장점 | – 투명 부품 제작 가능<br>– 세밀한 디테일, 부드러운 표면 마감<br>– 빛의 투과 특성을 활용한 설계에 적합 |
| 단점 | – 내구성 낮아 기계적 응용에 부적합<br>– 투명도 유지 어려움<br>– UV 노출 시 색 변형 가능 |
| 주요 적용분야 | 광학 부품, 투명 소품, 장식품 등 |
| 사용 가능방식 | SLA, DLP, PolyJet |

## 파우더 소재(Powder Materials)

파우더 소재는 분말 베드 융해 방식 <sup>Powder Bed Fusion</sup>, 접착제 분사 방식 <sup>Binder Jetting</sup>에서 주로 사용됩니다. 높은 강성을 보유하고 있으며 내마모성과 내구성이 뛰어납니다.

표18. **나일론 파우더(Nylon Powder)**

| 분류 | 내용 |
|---|---|
| 특징 | - 높은 내구성과 유연성, 우수한 충격 저항성 보유 |
| 장점 | - 강도와 유연성의 균형 우수<br>- 내마모성, 내화학성 탁월 |
| 단점 | - 수분 흡수로 품질 저하 가능성<br>- 건조 및 후처리 과정 필요 |
| 주요 적용분야 | 기능성 부품, 기계 부품, 프로토타입, 소비자용 제품 등 |
| 사용 가능방식 | SLS, SAF, MJF |

### 표19. TPU 파우더 (Thermoplastic Polyurethane Powder)

| 분류 | 내용 |
| --- | --- |
| 특징 | - 높은 신축성과 탄력성 보유<br>- 내마모성 우수, 유연한 부품 제작에 적합 |
| 장점 | - 유연하고 신축성 있는 부품 제작 가능<br>- 내마모성, 내구성 뛰어나 탄력성 요구 분야에 적합 |
| 단점 | - 장비 설정이 민감하고 출력 조건 제어가 어려움<br>- 소재 단가 및 운영 비용이 높음 |
| 주요 적용분야 | 유연한 연결부, 보호 케이스, 의료용 소품, 탄성 부품 등 |
| 사용 가능방식 | SLS |

### 표20. PP (폴리프로필렌, Polypropylene)

| 분류 | 내용 |
| --- | --- |
| 특징 | - 인장 강도, 내열성, 내충격성 우수<br>- 가볍고 유연하여 경량 부품 제작에 적합 |
| 장점 | - 내화학성이 탁월하여 산·염기 등에도 잘 견딤<br>- 밀도가 낮아 경량 부품 제작에 적합<br>- 반복 굽힘에 강해 힌지 부품 등에 활용 가능 |
| 단점 | - 표면 품질 향상을 위한 후처리 필요할 수 있음<br>- 수축률이 높아 정밀한 출력에는 전용 장비 및 설정 요구 |
| 주요 적용분야 | 자동차, 의료기기, 기능성 프로토타입, 전자기기 및 소비자용 제품 등 |
| 사용 가능방식 | SLS, SAF, MJF |

## 2-4. 금속 3D프린팅 재료의 특성은?

금속은 높은 강도와 내열성, 내구성을 갖춘 소재로, 항공우주, 의료, 자동차, 에너지 산업 등 정밀성과 고성능이 요구되는 분야에서 널리 사용됩니다. 특히 복잡한 형상이나 맞춤형 구조물을 정밀하게 제작할 수 있어 부품 경량화와 통합 설계에 효과적입니다. 금속 3D프린팅은 주로 분말 형태의 금속 재료를 사용하며, 대표적으로 티타늄, 스테인리스 스틸, 알루미늄, 코발트-크롬, 구리, 니켈계 합금 등이 활용됩니다. 설계 자유도가 높고 실제 사용 가능한 부품을 직접 제작할 수 있어 산업 전반에서 중요성이 더욱 커지고 있습니다.

표21. 스테인리스 스틸 (Stainless Steel)

| 분류 | | 내용 |
|---|---|---|
| 특징 | | - 우수한 내식성 및 내구성<br>- 경제적이고 다양한 산업 분야에 활용 가능<br>- 다양한 환경에서도 안정적인 성능 유지 |
| 용도 | 의료 | 수술 기구, 치과 장치 |
| | 산업 | 펌프 부품, 기계 공구, 고압 밸브 |
| | 소비재 | 주방용품, 전자기기 외장재 |
| 비고 | 단점 | - 높은 비용과 복잡한 프린팅 과정 및 장비 필요<br>- 프린팅 후 열처리 필요 |
| | 출력 방식 | L-PBF, DMLS |

## 표22. 알루미늄 (Aluminum) 및 알루미늄 합금

| 분류 | | 내용 |
|---|---|---|
| 특징 | | - 경량성과 우수한 열전도성<br>- 뛰어난 내식성과 재활용성<br>- 산업 전반에서 수요가 높은 대표 금속 소재 |
| 용도 | 항공우주 | 구조 부품, 연료 탱크, 브래킷 |
| | 자동차 | 엔진 부품, 휠, 섀시 |
| | 전자 | 방열판, 전기 부품 외장재 |
| 비고 | 단점 | - 프린팅 시 수축·균열 발생 가능<br>- 공정 안정성 확보 위해 엄격한 장비·환경 필요<br>- 프린팅 후 열처리·기계가공 등 후처리 필수 |
| | 출력 방식 | L-PBF, DMLS |

## 표23. 티타늄 (Titanium) 및 티타늄 합금 (Ti6Al4V)

| 분류 | | 내용 |
|---|---|---|
| 특징 | | - 경량성, 고강도, 내식성 우수<br>- 생체 적합성이 뛰어나 인체 이식에 사용 가능 |
| 용도 | 항공우주 | 항공기 엔진 부품, 로켓 구조물 |
| | 의료 | 인공 관절, 치과 임플란트 |
| | 자동차 | 고성능 경량 부품 |
| 비고 | 단점 | - 비용이 매우 높고 프린팅 기술이 복잡함<br>- 특별한 장비와 조건이 필요함 |
| | 출력 방식 | L-PBF, DMLS |

표24. 니켈 기반 합금 (Inconel, Hastelloy 등)

| 분류 | | 내용 |
|---|---|---|
| 특징 | | - 극한 고온, 고압, 부식 환경에서도 안정적인 성능<br>- 열충격 저항성과 피로 강도 우수 |
| 용도 | 항공우주 | 터빈 블레이드, 배기 시스템, 엔진 부품 |
| | 에너지 | 화력발전 터빈, 원자력 부품 |

표25. 코발트-크롬 합금 (Cobalt-Chromium Alloy)

| 분류 | | 내용 |
|---|---|---|
| 특징 | | - 높은 경도, 내마모성, 내열성 보유<br>- 생체 적합성이 뛰어나 의료용에 적합 |
| 용도 | 의료 | 치과 크라운, 인공 관절, 척추 임플란트, 스텐트 |
| | 산업 | 고온 환경에서의 터빈 블레이드, 내열 부품 |

표26. 구리 (Copper) 및 구리 합금

| 분류 | | 내용 |
|---|---|---|
| 특징 | | - 열전도성과 전기전도성이 매우 뛰어남<br>- 정밀한 열·전기 기능 부품 제작에 활용 가능 |
| 용도 | 전자 | 히트 싱크, 전기 커넥터 |
| | 에너지 | 열교환기, 배터리 부품 |

표27. 텅스텐 (Tungsten)

| 분류 | | 내용 |
|---|---|---|
| 특징 | | - 높은 밀도와 경도로 강력한 기계적 특성 보유<br>- 매우 높은 융점으로 극한 온도 환경에 적합<br>- 방사선 차폐 성능이 우수하여 의료·원자력 분야 활용 |
| 용도 | 항공우주 | 로켓 노즐, 추진 엔진 부품 |
| | 의료 | 방사선 보호 장치, 엑스레이 기기 부품 |

## ◉ 금속 3D프린팅 공정에서 사용하는 방식

금속 3D프린팅은 주로 금속 파우더를 사용하는 적층 제조기술로, 정밀성과 내구성이 요구되는 산업용 부품 제작에 활용됩니다. 아래 표는 3D프린팅 7대 기술 중에서 금속 3D프린팅 관련 기술을 선별·정리한 것입니다.

표28. 금속 3D프린팅 방식

| 종류 | 프린팅 방법 | 적용 금속 |
|---|---|---|
| **L-PBF**<br>Laser Powder Bed Fusion | 금속 파우더를 레이저로<br>용융하여 층층이 적층 | 스테인리스 스틸,<br>티타늄, 알루미늄 등 |
| **EBM**<br>Electron Beam Melting | 전자빔을 이용해<br>금속 파우더를 용융 | 티타늄 합금 등 |
| **DED**<br>Directed Energy Deposition | 금속 파우더 또는 와이어를<br>직접 용융하여 적층 | 니켈 합금,<br>코발트 크롬 합금 등 |
| **Binder Jetting** | 금속 파우더를 바인더로<br>접착한 후 소결 | 구리, 스테인리스 스틸 등 |

## ○ 금속 3D프린팅의 응용 분야

금속 3D프린팅은 정밀성과 고성능을 요구하는 다양한 산업에서 핵심 역할을 하며, 복잡한 형상 구현과 경량화, 내구성 강화 등 기존 제조 공정으로는 어려웠던 과제를 해결합니다.

표29. **항공우주 (Aerospace)**

| 분류 | | 내용 |
|---|---|---|
| 엔진 부품 제작 | 사례 | 터빈 블레이드, 연료 노즐, 엔진 하우징 |
| | 특징 | - 고온 환경에서의 높은 강도 및 내구성 요구 부품 제작 가능<br>- 복잡한 구조의 경량화 부품 제작 가능(기존 대비 우수) |
| 경량 구조물 | 사례 | 위성 구조물, 항공기 내부 프레임 |
| | 특징 | - 경량화를 통해 연료 효율 개선 및 비용 절감<br>- 격자형(Lattice) 구조로 강도와 무게 간 균형 최적화 |
| 우주 탐사용 부품 | 사례 | 로켓 노즐 내부 부품, 위성의 금속 보강 구조 |
| | 특징 | - 고온, 고압 환경에서도 작동 가능한 복잡 구조 제작 가능<br>- 우주 환경에 최적화된 부품을 단일 공정으로 제작 |

표30. **에너지 (Energy)**

| 분류 | | 내용 |
|---|---|---|
| 발전소 터빈 부품 | 사례 | 가스터빈 블레이드, 열 교환기 |
| | 특징 | - 고온 환경에서의 내구성 확보<br>- 복잡한 내부 채널 구조로 열 관리 효율 향상 |
| 원자력 발전 | 사례 | 핵 연료 어셈블리 부품, 차폐 부품 |
| | 특징 | - 방사능 환경에서도 작동 가능한 내식성과 강도 제공 |
| 신재생 에너지 | 사례 | 풍력 발전기의 경량 부품, 태양열 발전기의 금속 구조물 |
| | 특징 | - 내구성과 경량성을 동시에 충족 |

**표31.** **산업 및 공구 제조 (Industrial Tools)**

| 분류 | | 내용 |
|---|---|---|
| **맞춤형 공구** | 사례 | 고강도 절삭 도구, 맞춤형 금형 |
| | 특징 | - 생산 공정에 최적화된 고강도 공구 제작<br>- 복잡한 구조의 몰드 설계를 단일 공정으로 구현 |
| **공장 설비** | 사례 | 고압 밸브, 파이프 연결 부품 |
| | 특징 | - 부식성 환경에서의 내구성 확보 |

**표32.** **전자 및 통신 (Electronics and Communication)**

| 분류 | | 내용 |
|---|---|---|
| **전자 부품** | 사례 | 히트 싱크, 커넥터, 방열판 |
| | 특징 | - 높은 전도성과 정밀도를 요구하는 부품 제작에 적합 |
| **안테나 및<br>RF 부품** | 사례 | 위성 통신 안테나, 전파 흡수 부품 |
| | 특징 | - 경량화 및 복잡한 구조 구현 가능 |

이 밖에도 국방, 의료, 자동차 등 다양한 분야에서 금속 3D프린팅이 사용되고 있습니다.

## 2-5. 세라믹 3D프린팅 재료의 특성은?

세라믹은 내열성과 내화학성, 그리고 전기 절연성이라는 탁월한 물성을 동시에 갖춘 고성능 소재입니다. 수천 도의 고온이나 강한 화학 약품, 높은 전압이 흐르는 극한의 환경에서도 녹거나 변형되지 않고 본래의 성능을 안정적으로 유지합니다. 이러한 강점 덕분에 세라믹은 단순한 그릇을 넘어 항공우주, 에너지, 전자 산업 등 최첨단 분야의 핵심 부품을 만드는 데 필수적으로 사용되고 있습니다.

물리적으로는 표면이 매우 단단해 마모에 강하다는 장점이 있지만, 금속처럼 유연하게 늘어나는 성질은 부족해 충격에 깨지기 쉽다는 특성도 있습니다. 따라서 세라믹 부품을 만들 때는 응력이 한곳에 집중되지 않도록 두께와 형태를 세밀하게 설계하는 것이 중요합니다.

특히 3D프린팅 기술과의 결합은 세라믹의 활용도를 비약적으로 높여주었습니다. 단단한 세라믹을 깎아내는 기존 방식으로는 구현하기 힘들었던 복잡한 내부 구조나 미세한 유로까지 자유롭게 제작할 수 있게 되었기 때문입니다.

표33. **주요 세라믹 재료들과 특성**

| 분류 | 내용 |
| --- | --- |
| **알루미나 Al₂O₃**<br>Alumina | - 높은 경도 및 내열성(최대 1,700℃ 내외)<br>- 전기 절연성이 뛰어나고 가격 대비 성능 우수<br>- 다양한 산업 분야에서 가장 널리 사용되는 세라믹 소재 |
| **지르코니아 ZrO₂**<br>Zirconia | - 고온에서도 높은 강도와 내마모성 유지<br>- 생체 적합성이 뛰어나 인공 치아, 관절 등에 활용<br>- 고온에서도 기계적 안정성 유지 |
| **실리카 SiO₂**<br>Silica | - 높은 투광성과 열 안정성 보유<br>- 전기 절연성이 뛰어나 광학 및 전자 부품에 활용 |
| **탄화규소 SiC**<br>Silicon Carbide | - 초고온 안정성, 내마모성, 열전도성 우수<br>- 경량성과 강도 뛰어나 항공·우주 분야에 적합 |
| **질화알루미늄 AlN**<br>Aluminum Nitride | - 높은 열전도성과 전기 절연성 동시 보유<br>- 경량화 가능<br>- 고온 안정성 우수 |
| **베릴리아 BeO**<br>Beryllium Oxide | - 탁월한 열전도성과 내구성 제공<br>- 고온에서도 절연성과 기계적 강도 유지 |

표34. **세라믹 3D프린팅 공정별 원리 및 특징**

| 분류 | 내용 |
| --- | --- |
| **SLA / DLP**<br>Stereolithography /<br>Direct Light Processing | - 세라믹 파우더와 광경화성 레진 혼합물 사용<br>- 광원을 이용해 층층이 경화 |
| **Binder Jetting** | - 세라믹 파우더에 바인더를 분사하여 형상 조형<br>- 대량 생산과 저비용 구현에 유리 |
| **Material Extrusion** | - 페이스트 형태의 세라믹 재료를 노즐로 압출해 적층<br>- 출력 후 탈지 및 고온 소결을 거쳐 최종 세라믹 부품 완성 |

표35. 세라믹의 응용 분야와 사례

| 분류 | | 내용 |
|---|---|---|
| 항공우주 | 사례 | 열 차폐 코팅, 로켓 노즐, 위성용 방열 부품 |
| | 특징 | - 고온 환경에서 안정적 작동<br>- 내마모성 및 경량화 실현 |
| 의료 | 사례 | 치과용 크라운, 인공 관절, 뼈 대체물 |
| | 특징 | - 생체 적합성 및 내구성으로 의료기기 제작에 적합<br>- 맞춤형 임플란트 제작 가능 |
| 전자 | 사례 | LED 기판, 고전압 절연체, 방열판 |
| | 특징 | - 전기 절연성과 열전도성으로 전자기기 성능 향상 |
| 제조·기계 | 사례 | 연마재, 펌프 부품, 가스 필터 |
| | 특징 | - 내식·내마모성으로 화학 및 정밀 장비에 적합 |
| 에너지 | 사례 | 원자력 발전소용 내열 구조물, 고온 열 교환기 |
| | 특징 | - 고온·방사선 환경에서도 열적 안정성 유지 |

## 2-6. 바이오 3D프린팅 재료의 특성은?

바이오 3D프린팅은 생체 조직이나 장기, 조직공학용 스캐폴드를 제작하는 기술로, 인체에 안전한 생체 적합성 재료와 세포 기반 물질을 사용합니다. 바이오 3D프린팅에 사용되는 재료는 크게 두 가지로 구분됩니다.

첫째는 세포와 생체물질을 포함한 바이오 잉크 Bio Ink이고, 둘째는 세포가 자랄 수 있는 지지 구조를 형성하는 구조용 재료 Scaffold Materials입니다. 이 두 가지 재료는 생분해성, 프린팅 안정성, 기계적 지지력 등을 갖춰야 하며 대표적으로 하이드로젤이 널리 사용됩니다. 이러한 바이오 3D프린팅은 피부, 연골, 혈관 등의 다양한 생체 구조 제작에 널리 활용되고 있으며, 관련 연구 또한 활발히 진행되고 있습니다.

이와 같이 바이오 3D프린팅 분야의 재료 개발이 지속적으로 진행되고 있으며, 그 결과 재생의학과 맞춤형 의료 분야에서 바이오 3D프린팅이 더욱 폭넓게 적용되고 있습니다.

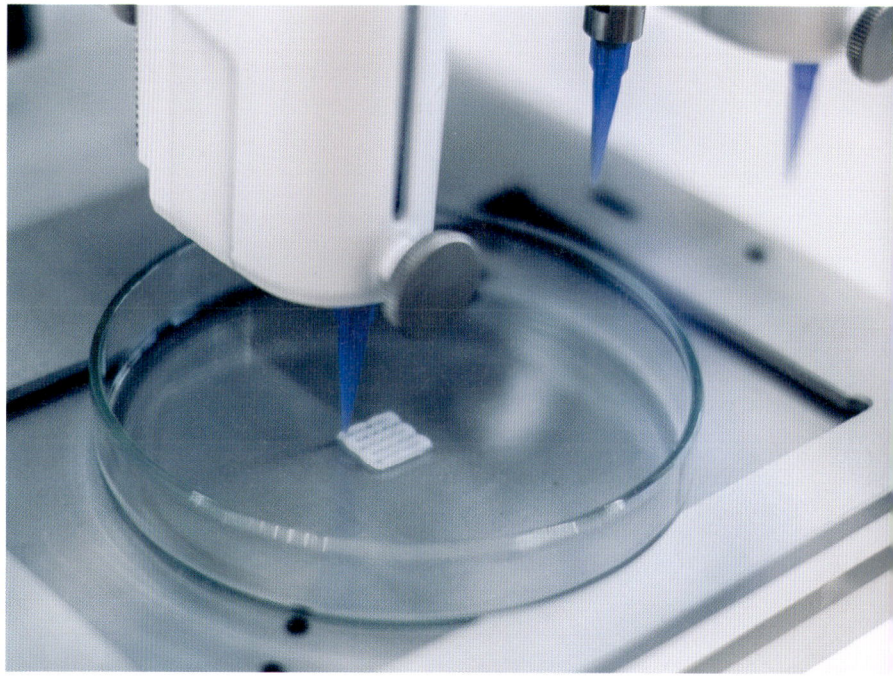

| 바이오잉크를 미세 단위로 분사하며 조직 구조를 형성 (Photo by Philip Ezze / CC BY-SA 4.0)

## 표36. 바이오 프린팅에 사용되는 주요 재료

| 하이드로젤 (Hydrogel) | |
|---|---|
| 특징 | - 높은 경도 및 내열성(최대 1,700℃ 내외)<br>- 전기 절연성이 뛰어나고 가격 대비 성능 우수<br>- 다양한 산업 분야에서 가장 널리 사용되는 세라믹 소재 |
| 재료 종류 | - 고온에서도 높은 강도와 내마모성 유지<br>- 생체 적합성이 뛰어나 인공 치아, 관절 등에 활용<br>- 고온에서도 기계적 안정성 유지 |
| 응용 분야 | - 높은 투광성과 열 안정성 보유<br>- 전기 절연성이 뛰어나 광학 및 전자 부품에 활용 |
| 천연 폴리머 (Natural Polymers) | |
| 특징 | - 생물학적으로 친화적이며 자연 유래 물질로 구성<br>- 세포와의 상호작용이 뛰어남 |
| 재료 종류 | 콜라겐(Collagen), 키틴(Chitin), 키토산(Chitosan), 히알루론산(Hyaluronic Acid) |
| 응용 분야 | 연골 조직 재생, 피부 재생, 인공 혈관 |
| 합성 폴리머 (Synthetic Polymers) | |
| 특징 | - 물리적, 기계적 특성이 우수함<br>- 특정 용도에 맞춰 설계 가능<br>- 생분해 속도 및 기계적 강도 조절 가능 |
| 재료 종류 | PCL(Polycaprolactone), PLGA(Poly Lactic-co-Glycolic Acid), PEG |
| 응용 분야 | 장기 이식용 스캐폴드, 맞춤형 의료 장치 |
| 세포 기반 재료 (Cell-Based Materials) | |
| 특징 | - 실제 생체 조직에서 유래된 세포로 구성<br>- 프린팅 후 기능적 조직으로 분화 가능 |
| 재료 종류 | 줄기세포, 성체 세포, 유도 만능 줄기세포(iPSCs) |
| 응용 분야 | 신장 조직, 간 조직, 심장 근육 제작 |
| 세포 기반 재료 (Cell-Based Materials) | |
| 특징 | - 세포를 지지하고 생존을 돕는 생체 물질<br>- 세포 부착과 성장 촉진에 중요 |
| 재료 종류 | 디셀룰러화 조직(Decellularized Tissue), ECM 하이드로젤(ECM Hydrogel) |
| 응용 분야 | 피부 조직 재생, 장기 재생 스캐폴드 제작 |

| 분류 | 내용 |
|---|---|
| 생체 적합성 | - 인체와의 호환성이 높아야 함<br>- 염증 반응을 유발하지 않아야 함 |
| 생분해성 | - 시간이 지나면서 자연스럽게 체내에서 분해되어야 함 |
| 기계적 강도 | - 조직이나 장기를 지지할 수 있을 정도의 구조적 안정성 필요 |
| 프린팅 가능성 | - 바이오 잉크의 점도, 경화성, 흐름성 등 3D프린팅 요구 조건을<br>  충족해야 함 |

표38. 응용 사례

| 분류 | 내용 |
|---|---|
| 장기 제작 | - 간, 신장, 심장 등 이식 가능한 조직 제작<br>- 줄기세포 기반 바이오 잉크 활용 |
| 조직 재생 | - 피부, 연골, 뼈 조직 재생<br>- 하이드로젤과 세포외기질 기반 재료 사용 |
| 제약 및<br>독성 테스트 | - 간세포 또는 심장세포를 활용한 약물 독성 테스트<br>- 실제 인체 조직과 유사한 모델 제작 |

## 2-7. 복합 소재 3D프린팅 재료의 현황과 전망은?

　　복합 소재 Composite Material 3D프린팅은 다양한 산업 분야에서 혁신을 이끄는 기술로, 고강도와 경량화가 필요한 부품 제작에 주목받고 있습니다. 이 기술은 플라스틱 매트릭스에 탄소섬유, 유리섬유, 아라미드 섬유 등의 강화 섬유를 혼합하여 출력합니다. 이로써 기존 제조 방식으로는 만들기 어려운 복잡한 형상과 우수한 기계적 특성을 가진 제품을 생산할 수 있습니다.

## ◎ 복합 소재 3D프린팅의 현황

현재 항공우주, 자동차, 스포츠 장비, 건축 등 여러 분야에서 활용되고 있습니다. 특히 탄소섬유 강화 플라스틱은 금속 부품을 대체할 만큼 강도와 경량성을 제공하며, 스트라타시스의 FDM Nylon 12 Carbon Fiber가 대표적인 예입니다. 다만, 고가의 소재, 장비 제한, 후처리 복잡성, 균일한 섬유 분산 등 해결해야 할 과제들이 있습니다.

## ◎ 복합 소재 3D프린팅의 전망

앞으로 나노·바이오 복합소재 및 세라믹 복합재료 개발로 적용 범위가 확대될 전망입니다. 인공지능과 자동화 기술이 접목되면 프린팅 정밀도와 효율성이 향상되어 생산 비용 절감과 대량 생산이 가능해질 것입니다. 이는 기존 제조방식을 대체하거나 보완하는 데 큰 역할을 할 것입니다.

## ◎ 주요 기업 및 기술 동향

스트라타시스 Stratasys, 마크포지드 Markforged, 데스크탑 메탈 Desktop Metal 등은 탄소섬유 강화 플라스틱 기반 3D프린팅 기술을 항공우주, 자동차, 로봇 분야에 적용하고 있습니다. 스트라타시스는 FDM 방식의 Nylon 12 Carbon Fiber 소재를 활용해, 기존 금속 공구를 경량화된 인체공학적 탄소섬유 공구로 대체하는 데 기여하고 있습니다.

## ◎ 기술적 과제와 해결 방안

주요 과제는 강화 섬유의 균일 분산과 적층 공정에서 기계적 특성 확보입니다. 이를 위해 소재의 유변학적 특성을 개선하고, 프린팅 공정 최적화와 후처리 자동화 기술이 필요합니다. 다양한 분야의 융합 연구를 통해 복합 소재 3D프린팅의 효율성과 적용 범위를 높여야 합니다.

복합 소재 3D프린팅은 고강도, 경량화 부품 제작에 중요한 역할을 하며 여러 산업에 응용되고 있습니다. 기술 발전과 연구 개발을 통해 과제를 극복하고 경제성을 높이면 제조업 혁신의 핵심 기술로 자리매김할 것입니다.

## 2-8. 새로운 3D프린팅 재료의 개발 동향은?

3D프린팅 기술의 발전과 함께 다양한 신소재의 개발이 활발히 이루어지고 있습니다. 이러한 신소재들은 기존 재료의 한계를 극복하고, 새로운 응용 분야를 개척하는 데 기여하고 있습니다. 주요 개발 동향은 다음과 같습니다.

### 고성능 복합재료의 개발

탄소섬유 강화 복합재료와 같은 고성능 복합재료는 경량화와 높은 강도를 동시에 제공하여 항공우주, 자동차 산업 등에서 주목받고 있습니다. 이러한 재료는 기존 금속 부품을 대체하거나 성능을 향상시키는 데 활용됩니다.

### 바이오 기반 및 생분해성 재료의 연구

환경 친화적인 바이오 기반 재료와 생분해성 플라스틱의 개발이 진행되고 있습니다. 이러한 재료는 의료 분야에서 조직 공학이나 임플란트 제작에 활용되며, 지속 가능한 제조를 위한 대안으로 부상하고 있습니다.

## ◦ 고기능성 세라믹 재료의 적용 확대

세라믹 재료는 내열성, 내마모성, 전기 절연성 등의 특성을 지니며, 전자기기, 의료기기, 항공우주 분야에서 활용되고 있습니다. 특히 복잡한 형상의 부품 제작이 가능해지면서 응용 범위가 확대되고 있습니다.

## ◦ 금속 합금 및 초합금의 활용

3D프린팅을 위한 금속 재료는 고강도, 내열성, 내식성을 갖춘 합금 중심으로 발전하며, 경량·고강도 티타늄·알루미늄 합금, 초고온 내열 니켈 초합금·코발트-크롬, 고열전도 구리 합금, 내식성 우수한 316L 스테인리스강 등 다양한 소재가 연구되고 있습니다. 최근에는 다성분 합금, 기능성 코팅 금속, 재활용 분말 소재 개발이 활발히 진행되며, 3D프린팅의 효율성과 산업 적용성이 더욱 확대되고 있습니다.

## ◦ 스마트 재료와 4D프린팅의 등장

형상 기억 합금이나 자가 치유 재료와 같은 스마트 재료의 개발로, 외부 자극에 반응하여 형태나 특성이 변하는 4D프린팅 기술이 주목받고 있습니다. 이는 의료용 스텐트, 자가 조립 구조물 등 혁신적인 제품 개발에 활용됩니다.

이러한 신소재들의 개발은 3D프린팅 기술의 적용 범위를 넓히고, 다양한 산업 분야에서 혁신을 촉진하고 있습니다.

## 2-9. 3D프린팅 재료의 과거와 현재

3D프린팅에 사용되는 재료는 매우 다양하며 지금 이 순간에도 새로운 소재들이 지속적으로 개발되고 있습니다. 저희가 3D프린팅 기술 보급을 시작했던 1990년대 말만 해도 사용 가능한 재료는 PLA 와 ABS 정도로 한정적이었습니다. 그러나 이후 연성이 뛰어난 TPU 계열 재료가 추가되었고 내열성과 강도를 갖춘 폴리카보네이트(PC) 계열 소재도 도입되면서 재료의 폭이 점차 넓어졌습니다.

2000년대 말에는 투명 소재가 등장해 시제품 제작과 디자인 시각화에 활용되기 시작했습니다. 2010년대 중반부터는 고강도 엔지니어링 플라스틱인 Ultem이 산업용으로 사용되었고, 이어서 강성이 뛰어나고 무게가 가벼운 탄소섬유 복합소재가 추가되었습니다. 또한 항공우주 분야를 중심으로 내열성과 내화학성이 뛰어난 특수 소재들도 개발되었습니다. 2010년대 후반에는 고온에서도 안정적인 세라믹 계열 재료가 새롭게 적용되어 고기능성 부품 생산이 가능해졌습니다.

한편 금속 3D프린팅 분야도 2000년대부터 꾸준히 성장해 왔습니다. 초기에는 스테인리스강(SUS) 위주였지만 티타늄, 알루미늄, 니켈 기반 합금 등 다양한 금속이 활용되기 시작했습니다. 덕분에 항공, 의료, 자동차 등 고정밀 산업 전반으로 금속 3D프린팅이 확대될 수 있었습니다.

각각의 재료는 적용 분야에 따라 요구되는 물성과 특성이 다릅니다. 따라서 목적에 맞는 재료를 선택하기 위해서는 전문가와 상담하여 최적의 솔루션을 찾는 것이 중요합니다.

# 3. 설계 및 모델링:
## 디지털 환경에서의 최적화 원칙

# 3. 설계 및 모델링: 디지털 환경에서의 최적화 원칙

## 3-1. 3D프린팅은 설계 유연성을 어떻게 높여줄 수 있나?

3D프린팅은 기존 제조 방식과 달리 재료를 층층이 쌓아가며 물체를 만들어내기 때문에 디자인의 자유도와 설계의 유연성을 크게 높여줍니다.

### ○ 복잡한 형상 구현 가능

3D프린팅은 복잡하고 정밀한 구조를 구현하는 데 탁월합니다. 전통적인 제조 방식에서는 금형 제작과 같은 공정의 한계로 인해 구현이 어려운 복잡한 구조도 3D프린팅은 쉽게 제작할 수 있습니다. 이를 통해 디자이너와 설계자는 창의적인 형상을 제한 없이 구현할 수 있습니다.

### ○ 빠른 프로토타입 제작

설계가 완료되면 바로 3D프린터로 프로토타입을 제작할 수 있어 설계 수정과 개선이 용이합니다. 이를 통해 설계의 피드백을 빠르게 반영할 수 있으며, 반복적인 프로토타입 제작을 통해 최적의 디자인을 빠르게 완성할 수 있습니다.

## ○ 맞춤형 설계 가능

개인화와 커스터마이징이 중요한 제품 설계에서 3D프린팅은 큰 장점을 가집니다. 예를 들어, 의료기기나 개인용 장비 등에서는 사용자 개개인의 신체 구조에 맞춘 맞춤형 설계를 쉽게 구현할 수 있습니다.

## ○ 재료와 공간의 효율적 사용

3D프린팅은 필요한 부분에만 재료를 사용하여 설계할 수 있기 때문에 재료 낭비가 적습니다. 이로 인해 설계자는 구조적 강도를 유지하면서도 경량화된 디자인을 실현할 수 있습니다. 이는 특히 항공, 자동차와 같은 분야에서 중요한 설계 요소입니다.

이러한 유연성을 통해 3D프린팅은 기존의 제조 방식에서 어려웠던 새로운 설계와 디자인 가능성을 제공합니다.

## 3-2. DfAM이란 무엇인가?

DfAM Design for Additive Manufacturing은 3D프린팅에 최적화된 설계 접근 방식으로, 기존 제조 공정의 제약을 뛰어넘어 더 큰 디자인 및 설계의 유연성을 제공합니다. DfAM을 통해 설계자와 엔지니어는 다음과 같은 장점을 누릴 수 있습니다.

## 형상의 자유로움

DfAM은 전통적인 제조 공정이 요구하는 직선, 각진 모서리, 분리된 부품 등의 제약을 벗어나 복잡하고 유기적인 형상을 쉽게 구현할 수 있습니다. 예를 들어, 유동성 향상을 위한 최적화된 채널 구조, 자연에서 영감을 받은 곡선 형태, 트러스(격자) 구조 등이 가능해져 보다 창의적이고 효율적인 디자인이 가능합니다.

## 부품 통합

DfAM을 통해 여러 부품으로 나뉘어 제작되던 구조물을 하나의 부품으로 통합하여 설계할 수 있습니다. 이는 조립 비용과 시간을 줄이고, 부품의 내구성과 기능성을 높이는 효과를 줍니다. 항공우주 및 자동차 산업에서는 부품 통합을 통해 무게를 줄이고 성능을 높이는 사례가 많습니다.

## 맞춤형 설계

각 사용자에 맞춘 맞춤형 설계가 가능하다는 점도 DfAM의 중요한 이점입니다. 의료기기나 소비자 맞춤형 제품은 사용자의 신체나 요구에 맞춰 디자인할 수 있으며, 추가적인 조정 없이 바로 생산할 수 있습니다. 따라서 정형외과 임플란트나 치과 보철물 같은 분야에서 활용도가 높습니다.

## 최적화된 내부 구조 설계

DfAM을 활용하면 부품의 내부에 격자나 벌집형 구조를 적용할 수 있어, 무게를 줄이면서도 강도를 유지할 수 있습니다. 이는 항공우주, 자동차, 의료 분야처럼 경량화와 내구성이 필요한 설계에 유리합니다. 이렇게 최적화된 내부 구조는 열 전도나 유동을 조절하는 데도 유리하기 때문에 부품의 기능성도 향상됩니다.

### ◦ 비용 절감 및 생산 시간 단축

DfAM을 통해 생산 과정에서 불필요한 재료 사용을 최소화하고, 맞춤형 제작을 통해 설계와 생산 시간을 줄일 수 있습니다. 특히 소량 생산이나 개별 부품 제작 시에 생산 속도가 빨라지고 비용이 크게 절감됩니다.

### 3-3. 3D프린팅 최적화를 위한 설계 원칙은?

3D프린팅은 전통적인 제조 방식과 다른 설계 접근 방식을 요구합니다. 3D프린팅에 최적화된 설계는 재료 절약, 출력 품질 향상, 제조비용 절감을 목표로 합니다.

### ◦ 출력 가능성(Printability)

3D프린팅은 적층 방식으로 작동하므로 설계가 프린터의 기술적 한계내에서 이루어져야 합니다.

표39. **3D프린팅 설계 시 고려 요소**

| 분류 | 내용 |
|---|---|
| 벽 두께 | - 너무 얇은 벽은 출력 중 파손 또는 적층 실패 가능<br>- 권장 두께: 최소 0.8~1.2mm 이상<br>- 기능성 부품일수록 더 두껍게 설계 권장 |
| 오버행<br>Overhang | - 45도 이상의 경사는 서포트 필요<br>- 서포트를 줄이려면 경사 각도 45도 이하 유지<br>- 기능 형식의 지지 구조 설계 권장 |
| 닫힌 메쉬 구조 | - 모델은 반드시 단일 메쉬(watertight mesh)로 구성<br>- 구멍이나 틈 없이 폐쇄형이어야 함<br>- STL 파일 오류 여부 사전 확인 필요 |
| 빌드 볼륨 제한 | - 출력 가능한 최대 크기 내에서 설계해야 함<br>- 초과 시 분할 설계 및 재조립 가능한 구조 고려 필요 |

## ○ 재료와 프린팅 기술 고려

출력 방식(FDM, SLA, SLS 등)과 사용 재료의 특성을 반영한 설계가
필요합니다.

표40. **요구 성능별 재료 선택 가이드**

| 분류 | 내용 |
|---|---|
| PLA | - 출력이 쉽고 저렴하여 취미용에 적합<br>- 내열성이 낮아 고온 환경에서는 변형 가능<br>- 냉각 시 뒤틀림 적음 |
| ABS | - 강도와 내열성이 높고 내충격성 우수<br>- 출력 시 뒤틀림 발생 가능<br>- 히팅 베드 필요 |
| TPU | - 유연하고 탄성이 뛰어남<br>- 출력 속도가 느리고 노즐 막힘 발생 가능 |

### 표41. 출력 방식

| 분류 | 내용 |
|------|------|
| FDM | - 정밀 부품에 적합<br>- 표면 품질은 낮음 |
| SLA | - 고해상도 구현 가능<br>- 부드러운 표면 마감에 강점 |
| SLS | - 금속이나 복잡한 기하학적 구조 제작에 적합<br>- 기계적 강도 우수 |

## ◎ 경량화 설계

재료 사용량을 줄이고 출력 시간을 단축하기 위해 내부 구조를 최적화해야 합니다.

### 표42. 경량화 설계 기법

| 분류 | 내용 |
|------|------|
| 충전율<br>Infill Density | - 내부를 격자형 구조로 설계하여 무게와 재료 사용량 감소<br>- 일반적으로 20~50% 충전율이 적합 |
| 위상 최적화<br>Topology Optimization | - 불필요한 재료 제거로 강도 유지<br>- 시뮬레이션 기반으로 최소 재료로 최대 성능 구현 |
| 격자 구조<br>Lattice Structure | - 내부를 단순 충전이 아닌 격자로 설계<br>- 강도와 유연성 동시 확보 가능 |

### 표43. 서포트 최소화 설계 원칙

| 분류 | 내용 |
|------|------|
| 자립형 구조 설계 | - 서포트 없이 출력 가능하도록 구조 설계<br>- 예: 브릿지 구조 짧게, 45도 이하 경사 유지 |
| 서포트 제거 용이성 | - 필요한 경우 제거 방향 고려하여 설계<br>- 표면 품질 저하 방지를 위해 서포트 접촉면 최소화 |

## 표44. 조립형 설계

| 분류 | 내용 |
|------|------|
| 분할 출력 | - 큰 모델을 나눠 출력 후 조립<br>- 조립부 설계 시 공차 및 접합부 고려 |
| 스냅핏<br>Snap-Fit | - 눌러 끼우는 방식의 조립 구조<br>- 간단한 설치, 부품 수 감소 효과 |
| 기계적 고정 설계 | - 볼트, 너트가 들어가는 구멍과 나사산을 정밀하게 설계하여 구현 |

## 표45. 디테일·표면 품질 향상 요소

| 분류 | 내용 |
|------|------|
| 폴리곤 해상도 | - 디테일을 유지하며 폴리곤 수 줄여 파일 크기 최적화<br>- 복잡한 디테일 시 SLA 또는 PolyJet 사용 권장 |
| 후처리 용이성 | - 표면을 매끄럽게 유지할 수 있도록 샌딩, 페인팅 등을 고려한 설계<br>- 출력 후 조립 부품의 후처리 공정 예측 설계 필요 |

## 표46. 동작 부품 설계

| 분류 | 내용 |
|------|------|
| 운동 부품 | - 회전, 이동 등 기계적 동작이 필요한 경우 정밀 공차 설계 필요<br>- FDM 출력 시 ±0.2mm 공차 고려 |
| 내구성 확보 | - 반복 사용에도 견딜 수 있도록 두께와 강도 확보 필요 |
| 힌지 및 연결부 | - 단일 출력 또는 조립형 설계를 통해 강도 유지 |

**표47. 테스트 및 시뮬레이션**

| 분류 | 내용 |
|------|------|
| 출력 미리보기 | - Cura, PrusaSlicer 등 슬라이싱 소프트웨어로 경로 시뮬레이션<br>- 출력 오류 사전 확인 가능 |
| 강도 분석 | - 물리적 응력 분포를 시뮬레이션하여 약한 구역을 보완 가능 |

DfAM Design for Additive Manufacturing, 즉 3D프린팅에 맞는 디자인이 필요합니다. 기존 제조기술과 동일하게 설계하면 3D프린팅만의 장점을 활용하기 어려울 수 있습니다.

## 3-4. 서포트 구조 최소화를 위한 설계 전략은?

3D프린팅에서 서포트 구조 Support Structure는 오버행 overhang이나 떠 있는 부분을 지지하는 데 사용되며, 출력 안정성을 높여줍니다. 그러나 서포트는 재료 소모, 출력 시간 증가, 후처리 복잡성 등의 문제를 유발하기도 합니다. 따라서 설계 단계에서 이를 최소화하는 전략이 매우 중요합니다.

### 서포트를 최소화하는 기본 설계 원칙

○ **45도 규칙 적용**

3D프린팅에서 45도 이상의 경사를 가지는 오버행은 서포트가 필요합니다. 설계 시 45도 이하의 기울기로 조정하여 자립 가능한 구조로 변경합니다.

*- 예시: 벽의 기울기를 90도에서 45도로 설계하여 서포트 없이 출력 가능합니다.*

## ⊙ 브릿지 구조 개선

브릿지는 양쪽에서 시작해 중앙에서 만나는 가로형 구조를 의미하며, 길이가 길수록 휘거나 처질 가능성이 높습니다. 브릿지 길이를 짧게 설계하거나, 아래와 같은 방식으로 개선합니다.

- *아치형 구조: 브릿지 대신 곡선형 아치를 사용하여 자립 가능하게 설계*
- *다중 지점 연결: 브릿지 끝부분을 추가 지지대로 연결하여 구조 안정성 확보*

## ⊙ 출력 방향 최적화

슬라이싱 소프트웨어를 사용하여 모델의 출력 방향을 조정하면 서포트를 최소화할 수 있습니다. 모델의 평평한 면이 빌드 플레이트와 접촉하도록 배치합니다.

- *예시: 기울어진 모델을 눕혀 출력해 서포트 필요성을 줄입니다.*

## ⊙ 분할 설계

크거나 복잡한 모델은 조립 가능한 부품으로 분할하여 서포트 구조를 줄일 수 있습니다. 각 부품을 서포트 없이 출력 가능한 형태로 설계한 후 조립합니다.

## ⊙ 플랫 베이스 디자인

모델 하단을 평평하게 설계하면 서포트 없이 안정적으로 출력 가능합니다.

- *예시: 곡선형 베이스 대신 평평한 면을 사용합니다.*

## 내부 구조 변경

내부 구조는 서포트 필요성을 줄이도록 재설계합니다. 내부 빈 공간에서 발생하는 오버행·브리징 형상을 최소화해 서포트가 덜 필요하게 만들고, 곡면 내부는 다각형(각진) 구조로 단순화해 적층 안정성을 높입니다. 또한 강성이 부족한 부분은 격자 구조로 채워 자체 지지력을 확보함으로써 처짐과 출력 실패 가능성을 줄입니다.

## 서포트 최소화를 위한 구조 및 디테일 최적화

## 자립형 구조 설계

모델을 자립 가능하도록 설계하여, 출력 시 별도의 서포트 없이 안정적으로 프린팅되도록 합니다.

*- 예시: 테이블 다리를 수직이 아닌 일정 각도로 기울여 설계하면, 오버행이 45도 이하가 되어 서포트 없이도 출력이 가능합니다.*

## 서포트 친화적 디테일 설계

서포트 사용이 불가피한 경우, 제거하기 쉽고 출력물 손상이 최소화되도록 설계해야 합니다. 이를 위해 서포트와의 접촉면은 최소화하고, 곡면 형태로 처리하여 탈거가 용이하도록 합니다. 특히 수직 돌출 구조물 끝단은 반구 형태(탑 라운드)로 설계하는 것이 좋습니다. 서포트 없이도 안정적인 출력이 가능하기 때문입니다.

## 필릿(Fillet) 및 챔퍼(Chamfer)

날카로운 모서리나 급격한 경사는 출력 품질에 영향을 줄 수 있으므로 적절한 처리 방식이 필요합니다. 필릿 Fillet은 곡면 모서리를 적용해 강도를 높이고, 서포트 없이도 안정적으로 출력할 수 있게 도와줍니다. 챔퍼 Chamfer는 모서리를 비스듬히 깎아 오버행을 완화해 출력 실패를 줄입니다. 이 두 방식은 출력 안정성과 효율 향상에 효과적입니다.

## ○ 트러스(Truss) 구조 활용

긴 오버행이 필요한 구조에서는 삼각형 형태의 트러스 Truss 구조를 활용하면 자립성이 높아지고 전체 강도도 향상됩니다. 이 구조는 자체적으로 하중을 분산시켜 줌으로써 별도의 서포트 없이도 안정적인 출력이 가능하며, 경량화와 재료 절감 효과도 얻을 수 있습니다.

표48. 서포트 구조 최소화의 장점

| 분류 | 내용 |
| --- | --- |
| 재료 절약 | 불필요한 서포트를 줄여 재료 사용량 및 비용 절감 |
| 출력 시간 단축 | 서포트 없이 출력 시 시간 효율성 향상 |
| 후처리 용이성 | 서포트 제거로 인한 표면 손상 최소화 |
| 출력 실패 감소 | 복잡한 서포트 제거 과정에서 발생하는 실패 방지 |

# 실질적인 설계 예시

표49. **45도 기울기, 아치형 설계, 분할 설계**

| 45도 기울기 | |
|---|---|
| 문제 | 브래킷(지지대)이 수직으로 돌출되면 하단에 서포트가 필요 |
| 개선 | 브래킷 끝을 45도 이하로 기울이면, 프린터가 구조물을 자립적으로 쌓을 수 있어 서포트 없이도 출력 가능 |

 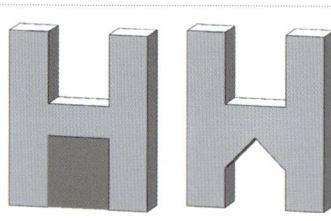

| 아치형 설계 | |
|---|---|
| 문제 | 긴 직선형 브릿지는 아래쪽에 넓은 서포트가 필요 |
| 개선 | 구조를 아치 형태로 바꾸면 자체적으로 무게를 분산시켜 서포트 없이 자립 가능 |

 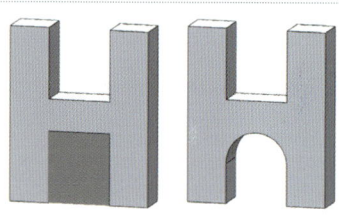

| 분할 설계 | |
|---|---|
| 문제 | 복잡한 곡선 구조는 서포트 없이는 출력이 어려움 |
| 개선 | 출력이 쉬운 방향(수평)으로 구조를 나눈 뒤 각각 출력하고, 출력 후 조립하여 완성 |

 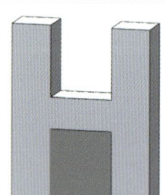 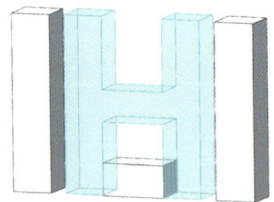

## 3-5. 3D프린팅 소프트웨어의 역할과 선택 기준은?

산업용 3D프린터를 도입하거나 활용하려는 기업과 전문가들은 모델링, 슬라이싱, 프린터 제어, 검증 및 후처리 등 다양한 기능을 수행하는 소프트웨어를 적절히 선택해야 합니다. 특히 산업용 3D프린팅에서는 적절한 소프트웨어 활용이 성공적인 3D프린팅 운영을 위한 핵심 요소입니다. 정밀성, 생산성, 비용 절감, 최적화가 중요한 요소이기 때문입니다.

## 3D프린팅 소프트웨어의 역할

3D프린팅을 위한 소프트웨어는 크게 설계(모델링), 슬라이싱(출력 준비), 프린터 제어 및 모니터링, 시뮬레이션 및 검증 등으로 나뉩니다. 각 단계에서 필요한 소프트웨어는 목적과 프린터 기술에 따라 다릅니다.

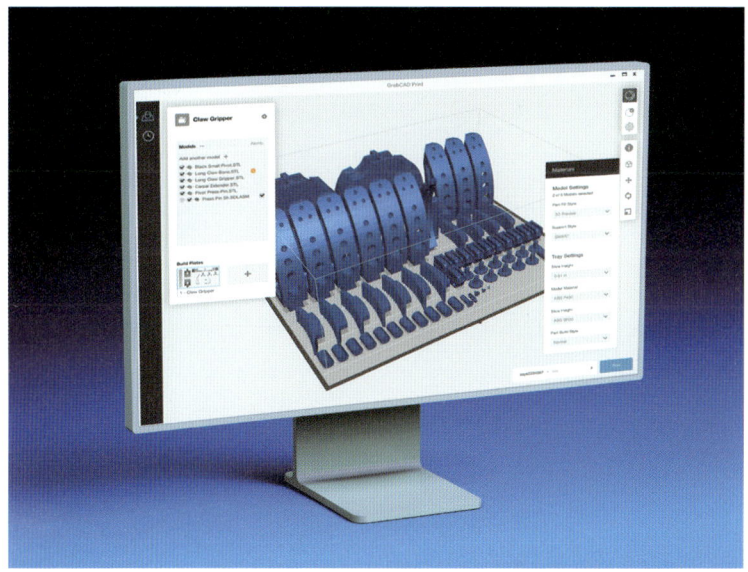

## 3D모델링 소프트웨어(Design & Modeling)

3D모델링 소프트웨어는 단순히 외형을 그리는 도구가 아니라, 치수 기준이 있는 설계 데이터를 만들고, 조립·간섭·강성처럼 기능 조건을 미리 검토해 출력 성공률을 높이는 역할을 합니다. 사용 목적에 따라 기계 부품처럼 치수 정확도가 중요한 설계, 인체·캐릭터처럼 곡면 표현이 중요한 조형, 건축·제품 디자인처럼 시각화가 중요한 모델링 등으로 접근 방식이 달라지며, 이에 맞춰 소프트웨어 선택도 달라집니다.

### 3D모델링 소프트웨어의 역할

· 3D모델 제작 및 디자인
· 모델의 구조적 최적화 및 형상 분석
· 기능적 부품의 기하학적 설계 및 조립 시뮬레이션

표50. 대표적인 3D모델링 소프트웨어

| 명칭 | 특징 | 사용 분야 |
|------|------|-----------|
| Fusion 360 | 클라우드 기반 CAD/CAM 통합 솔루션 | 기계 부품, 엔지니어링 |
| SolidWorks | 산업용 3D CAD로 강력한 설계 및 시뮬레이션 지원 | 기계 설계, 제조 |
| Siemens NX | 고급 설계 및 시뮬레이션 기능 제공 | 항공, 자동차 |
| Tinkercad | 초보자를 위한 직관적 모델링 툴 | 교육, 간단한 디자인 |
| Blender | 예술적 모델링 및 캐릭터 디자인 | 애니메이션, 제품 디자인 |

## 슬라이싱 소프트웨어 (Slicing & Print Preparation)

모델링이 어떤 형상을 만들 것인가에 대한 단계라면, 슬라이싱은 그 형상을 장비가 실제로 만들 수 있도록 생산 조건을 설계하는 단계입니다. 슬라이싱 소프트웨어는 3D모델을 층 단위로 분해해 출력 경로를 만들고, 장비가 이해할 수 있는 명령 데이터로 변환합니다. 이때 단순 변환에 그치지 않고, 품질·시간·비용의 균형을 결정하는 핵심 설정들이 함께 포함됩니다. 같은 모델이라도 어떤 방향으로 배치하느냐, 층 두께를 얼마나 촘촘하게 하느냐, 서포트를 어떻게 두느냐에 따라 표면 품질과 강도, 출력 시간, 후처리 난이도가 크게 달라집니다.

### 슬라이싱 소프트웨어의 역할

· 3D모델을 층(layer) 단위로 변환
· 출력 경로(G-code) 생성 및 서포트 자동 생성
· 재료 사용량, 출력 시간, 내구성 최적화

표51. 대표적인 슬라이싱 소프트웨어

| 명칭 | 특징 | 지원 기술 |
|---|---|---|
| Ultimaker Cura | 오픈소스, 다양한 프린터 지원 | FDM |
| PrusaSlicer | Prusa 프린터 최적화, 다중 재료 지원 | FDM, SLA |
| Simplify3D | 전문가용 슬라이싱, 경로 제어 가능 | FDM |
| GrabCAD Print | Stratasys 전용 소프트웨어로 모든 기술 지원 | FDM, PolyJet, P3, SAF |
| Materialise Magics | 산업용 출력 최적화, 오류 수정 | SLS, SLA, 금속 |

## 프린터 제어 및 모니터링 소프트웨어 (Printer Control & Monitoring)

산업용 3D프린팅은 출력 시간이 길고 재료 비용이 높기 때문에, 출력 중 상태를 놓치지 않는 운영 체계가 중요합니다. 프린터 제어 및 모니터링 소프트웨어는 장비의 주요 설정을 관리하고, 출력 진행 상황을 실시간으로 확인하며, 문제가 생길 가능성을 조기에 포착해 현장의 운영 안정성을 높여 줍니다.

### 제어 및 모니터링 소프트웨어의 역할

· 프린터의 온도, 압출 속도 등 주요 설정 관리

· 원격 모니터링 및 출력 관리

· 다중 프린터 운영 및 네트워크 통합 지원

산업용 3D프린터 제조사는 자사의 장비에 최적화된 전용 소프트웨어를 제공하며, 특정 재료와 출력 방식에 맞춘 기능을 지원합니다.

표52. 대표적인 프린터 제어 및 모니터링 소프트웨어

| 명칭 | 특징 | 제조사 |
|------|------|--------|
| GrabCAD Print | 클라우드 기반 원격 제어 및 설계 최적화, 출력 최적화 | Stratasys |
| EOSPRINT | 금속 L-PBF(Laser Powder Bed Fusion) 프린터 전용 슬라이싱 및 경로 최적화 | EOS |
| HP SmartStream 3D | HP MJF 프린터에 최적화된 출력 준비 소프트웨어 | HP |
| 3D Sprint | SLA/SLS 프린팅용 슬라이싱 및 오류 수정 | 3D Systems |
| Eiger | 복합소재 및 금속 프린터용 클라우드 슬라이싱 | Markforged |
| Fabricate | 금속 바인더 젯팅(Binder Jetting) 방식 전용 | Desktop Metal |
| Preform | SLA 및 LFS 방식용 슬라이싱과 자동 서포트 생성 | Fomlabs |

## 시뮬레이션 및 검증 소프트웨어(Simulation & Validation)

3D프린팅은 설계대로 출력이 되더라도, 출력 과정에서 열·수축·응력이 발생하면서 미세한 변형이 생길 수 있습니다. 시뮬레이션 및 검증 소프트웨어는 출력 전에 이런 현상을 예측해 실패 확률을 낮추고 품질을 안정화하는 데 목적이 있습니다. 특히 산업용 부품처럼 치수 정확도나 강도가 중요한 경우에는 출력 후 수정이나 재작업이 발생하면 비용과 시간이 크게 늘어날 수 있으므로, 사전 검증의 효과가 더 크게 나타납니다.

### 시뮬레이션 및 검증 소프트웨어의 역할

· 재료 소모량, 출력 시 응력 해석
· 열 변형 시뮬레이션 및 충돌 감지
· 서포트 생성 및 최적화

표53. 대표적인 시뮬레이션 및 검증 소프트웨어

| 명칭 | 특징 | 주요 기능 |
|---|---|---|
| ANSYS Additive | 금속 3D프린팅 시뮬레이션 | 열응력 분석, 잔류응력 및 변형 예측 |
| Simufact Additive | 금속 적층 제조 해석 | 변형 및 수축 예측, 파우더 베드 공정 최적화 |
| Materialise Magics | 출력 오류 수정, 서포트 최적화 | STL 오류 수정, 서포트 생성, 빌드 방향 설정 |

## 3-6. 3D스캐닝과 역설계를 활용한 디지털 설계는?

### ○ 역설계의 특징과 장점

역설계, 즉 리버스 엔지니어링은 기존의 물리적 제품을 디지털 데이터로 변환하여 설계하거나, 기존 설계의 개선 또는 복제를 가능하게 하는 과정입니다. 3D스캐닝과 3D프린팅은 역설계에서 핵심적인 기술로 사용되며, 물리적 데이터를 디지털화하고 이를 기반으로 설계하고, 복제하고, 개선할 수 있도록 상호 유기적으로 작동합니다.

따라서 사용 목적과 대상 물체에 따라 적합한 스캐닝 기술을 선택하고, 3D프린팅 기술과 연계함으로써 복잡한 제품의 설계와 제조를 효율적이고 정밀하게 구현할 수 있습니다.

3D스캐닝과 3D프린팅은 역설계의 디지털화 → 분석 및 수정 → 출력 단계에서 각각 중요한 역할을 수행합니다.

### 역설계 프로세스

#### ■ 3D스캐닝 (디지털화 단계)

실물 부품의 형상, 치수, 표면 정보를 스캔하여 3D데이터(STL, OBJ, PLY 등)를 생성합니다. 이 단계는 실물과 동일한 디지털 형상을 만드는 데 중요합니다.

#### ■ 데이터 처리 및 CAD 모델링 (분석 및 수정 단계)

스캔된 메시 데이터를 CAD 소프트웨어로 가져와서 수정하거나, 최적화하거나, 새로운 설계를 추가합니다.

- *소프트웨어*: *Geomagic Design X, SolidWorks, Rhino* 등

**3** **3D프린팅 (출력 단계)**

수정된 CAD 데이터를 기반으로 프로토타입 제작, 부품 복제, 기존 부품의 성능 개선 등을 위해 3D프린팅 기술을 활용합니다.

*- 기술 선택: FDM, SLA/DLP, SLS/SAF, 금속 프린팅(PBF/BinderJet) 등*

표54. **역설계 기반 3D프린팅 활용 사례**

| 활용 분야 | 활용 사례 및 효과 |
|---|---|
| 부품 복제 | 단종/파손 부품 형상 복원 후 대체 부품 제작(납기 단축) |
| 설계 개선 | 간섭/불편 요소를 스캔 기반으로 수정 후 개선품 제작(반복 개선 용이) |
| 맞춤형 제작 | 인체/사용자 데이터 기반 맞춤 부품 제작(적합도 향상) |
| 형상 복원 | 문화재/원형의 디지털 보존 및 복원 모델 제작(아카이빙) |
| 품질 검사·검증 | 스캔으로 치수·변형·공차를 확인(품질 관리) |
| 조립·간섭 확인 | 조립 전 간섭 분석 및 체결부 검토(재작업 감소) |
| 지그·픽스처 제작 | 실제 형상 기반 작업 보조 툴 제작(작업 안정화) |

## 3-7. 역설계를 위한 3D스캐닝의 종류는?

3D스캐닝은 사용하는 스캔 기술과 스캔 대상에 따라 방식과 특징이 다르며, 각 방식마다 장단점이 있습니다.

**표55. 3D스캐닝 방식별 원리와 특징**

| 광학 스캐닝 (Structured Light Scanning) | |
|---|---|
| 원리 | 투사된 빛의 변형 패턴을 카메라로 캡처하여 3D형상을 계산 |
| 특징 | 고해상도, 정밀도 우수<br>중소형 정적 대상 스캔에 적합 |
| 장점 | 빠른 스캔 속도<br>부품 표면 디테일이 뛰어남 |
| 단점 | 반사율이 높은 표면에서 오류 발생<br>외부 조명에 민감함 |
| 레이저 스캐닝 (Laser Scanning) | |
| 원리 | 레이저 빔이 물체 표면에 반사되는 시간을 측정하여 거리 계산 |
| 특징 | 깊은 디테일 스캔 가능<br>다양한 재질에 적용 가능 |
| 장점 | 복잡한 형상 및 곡면 스캔 가능<br>높은 정밀도 제공 |
| 단점 | 유광, 거울, 투명 소재 등 반사율 높은 표면에 오류 발생 |
| 사진 측량 (Photogrammetry) | |
| 원리 | 여러 각도에서 찍은 사진을 조합하여 3D모델 생성 |
| 특징 | 대형 구조물에 적합 |
| 장점 | 비용 효율적<br>휴대성과 접근성이 뛰어남 |
| 단점 | 복잡한 소프트웨어 처리 필요 |
| 접촉식 스캐닝 (Contact Scanning) | |
| 원리 | 탐침(probe)을 물체 표면에 접촉시켜 좌표 데이터를 수집 |
| 특징 | 고정밀 측정 가능 |
| 장점 | 표면 재질이나 광택 등 특성과 무관하게 측정 가능 |
| 단점 | 스캔 속도 느림<br>민감한 표면에는 적합하지 않음 |

표56. **3D스캐닝 방식의 요약 비교**

| 방식 | 특징 | 장점 | 단점 |
|---|---|---|---|
| 광학 스캐닝 | 정밀도 높음<br>빠른 속도 | 중소형 및<br>복잡한 형상에 적합 | 조명과 반사<br>표면에 민감 |
| 레이저 스캐닝 | 복잡한 형상도<br>스캔 가능 | 다양한 재질에서<br>정확도 우수 | 높은 비용 |
| 사진 측량 | 대형 구조물 스캔 | 비용 효율적이고<br>휴대성 뛰어남 | 정밀도 낮음<br>소프트웨어에 의존 |
| 접촉식 스캐닝 | 직접 접촉으로<br>데이터 획득 | 정밀도 높음<br>표면 특성과 무관 | 속도 느림, 민감한<br>표면에 부적합 |

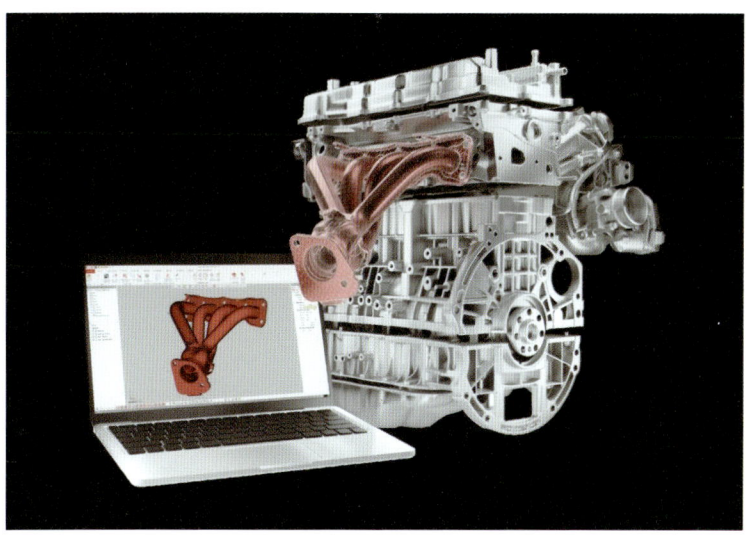

# 4. 생산 공정과 품질 관리: 디지털 공정 혁신

# 4. 생산 공정과 품질 관리: 디지털 공정 혁신

## 4-1. 3D프린팅 생산 공정은?

3D프린팅 생산 공정은 디지털 설계 데이터를 바탕으로 재료를 층층이 쌓아 최종 제품을 제작하는 과정을 말합니다. 이 공정은 전통적인 제조 방식과 달리 금형이 필요 없고 복잡한 형상을 쉽게 구현할 수 있어 설계의 자유도가 높습니다. 또한, 필요 부분에만 재료를 사용하여 낭비를 최소화하며, 빠른 시제품 제작과 맞춤형 제품 생산에 유리합니다.

표57. **3D프린팅 생산 공정**

| 1 | 2 | 3 | 4 | 5 | 6 | 7 |
|---|---|---|---|---|---|---|
| 설계 및 모델링 | 슬라이싱 및 G코드 생성 | 재료 준비 및 장비 설정 | 출력 | 후처리 | 품질 검사 및 조립 | 생산 공정 관리 및 개선 |

다음은 각 단계에 대한 상세 설명입니다.

## ① 설계 및 모델링(Design & Modeling)

3D프린팅의 첫 번째 단계는 디지털 설계 데이터를 준비하는 설계 및 모델링 단계입니다. 이 단계에서는 제품의 형상과 구조를 구체화하고, 실제 출력 시 문제가 발생하지 않도록 최적화된 설계를 진행합니다.

설계자는 CAD Computer-Aided Design 소프트웨어를 사용하여 3D모델을 제작합니다. 이때 제품의 크기, 두께, 구조적 안정성을 신중히 고려해야 합니다. 특히 3D프린팅의 특성을 반영하여 서포트 구조가 최소화되도록 설계해야 생산 비용을 절감하고 출력 시간을 단축할 수 있습니다.

완성된 3D모델은 STL Standard Tessellation Language 또는 OBJ Object File 형식으로 저장합니다. STL은 삼각형 면으로 모델의 형상을 정의하기 때문에 대부분의 3D프린터와 호환됩니다. 저장된 모델은 출력 과정에서 발생할 수 있는 오류를 방지하기 위해 검토 및 수정 과정을 거치며, 이때 모델의 구멍이나 겹치는 부분 등을 확인하고 수정합니다.

설계 및 모델링 단계는 제품의 품질과 출력 성공률을 결정짓는 중요한 단계로, 설계의 정확성과 최적화가 제품의 성능에 큰 영향을 미칩니다.

## ② 슬라이싱 및 G코드 생성(Slicing & G-code Generation)

설계 및 모델링의 다음 단계는 슬라이싱 Slicing 및 G코드 생성입니다. 슬라이싱은 3D모델을 층층이 쌓기 위해 수평 단면으로 나누는 작업입니다. 이는 제품의 높이를 층 두께에 따라 나누어 적층할 수 있도록 하기 위한 것으로, 이 과정에서 각 층의 외곽선과 내부 구조가 정의됩니다.

슬라이싱 소프트웨어에는 Cura, PrusaSlicer, Simplify3D, PreForm 등이 있습니다. 이들은 3D모델을 수백에서 수천 개의 얇은 단면으로 나누고, 각 단면의 적층 순서와 방법을 결정합니다.

슬라이싱이 완료되면 G코드 G-code가 생성됩니다. G코드는 3D프린터가 노즐의 이동 경로, 적층 순서, 재료 압출량, 출력 속도 등을 제어하기 위한 명령어 집합입니다. X, Y, Z 축의 이동 좌표와 노즐 온도, 출력 속도 등이 G코드에 포함되며, 이를 바탕으로 3D프린터는 정밀한 출력 작업을 수행하게 됩니다.

이 단계에서는 층 두께, 출력 속도, 채움 밀도 Infill Density, 서포트 구조 Support Structure 등의 파라미터를 설정합니다. 파라미터 설정은 제품의 정밀도와 출력 품질에 영향을 미치므로 신중하게 조정해야 합니다. 특히 서포트 구조는 복잡한 형상을 출력할 때 제품의 변형을 방지하고 안정성을 높이는 역할을 합니다.

### ❸ 재료 준비 및 장비 설정(Material Preparation & Printer Setup)

슬라이싱과 G코드 생성이 완료되면 재료 준비 및 장비 설정 단계로 넘어갑니다. 이 단계에서는 출력할 제품에 적합한 재료를 선택하고, 3D프린터를 설정합니다.

먼저 재료 선택이 중요합니다. 3D프린팅에 사용되는 재료는 플라스틱, 금속, 세라믹, 복합 소재 등 다양합니다.

표58. **3D프린팅에 사용되는 재료**

| 분류 | | 내용 |
|---|---|---|
| 플라스틱 | 방식 | FDM(Fused Deposition Modeling) 방식에서 주로 사용 |
| | 종류 | ABS, PLA, TPU 등 여러 종류 |
| 금속 | 방식 | SLM(Selective Laser Melting), DMLS(Direct Metal Laser Sintering) |
| | 종류 | 알루미늄, 티타늄, 스테인리스 스틸 등의 금속 분말 사용 |
| 세라믹과 복합소재 | | 내열성, 내구성 등 특수한 물성이 요구되는 제품에 적합 |

다음으로 설정 단계에서는 선택한 재료에 따라 노즐 온도, 베드 온도, 압출 속도 등을 조정합니다. 예를 들어, PLA는 비교적 낮은 온도에서 출력이 가능하지만, ABS는 수축률이 높아 노즐 온도와 베드 온도를 더 높게 설정해야 합니다.

서포트 구조도 이 단계에서 설정됩니다. 서포트는 출력 중 제품이 무너지지 않도록 지지해주는 역할을 하며, 출력 후 제거해야 하므로 최소화하는 것이 중요합니다.

장비 설정이 완료되면 재료를 프린터에 장착하고 출력 준비를 마칩니다. 이 단계는 출력 품질과 성공률에 직접적인 영향을 미치므로 꼼꼼한 준비가 필요합니다.

### ❹ 출력(3D Printing Process)

모든 준비가 완료되면 본격적으로 출력 단계 3D Printing Process에 들어갑니

다. 이 단계에서는 슬라이싱 단계에서 생성된 G코드를 바탕으로 3D
프린터가 작동하여 제품을 적층하게 됩니다.

3D프린팅은 제품의 용도와 어플리케이션에 따라 적합한 기술 및 재
료를 선택하는 것이 핵심입니다. 예를 들어 시제품 prototype 제작 시에는
빠른 출력 속도와 저렴한 비용이 중요하고, 최종 사용 부품 end-use parts
제작 시에는 강도와 내구성, 정밀도가 중요합니다.

표59. **성공적인 프린팅을 위한 관리 포인트**

| 분류 | 내용 |
|------|------|
| 환경 관리 | - 출력 환경의 온도와 습도를 일정하게 유지<br>- 수축이나 변형 방지 |
| 재료 관리 | - 재료의 보관 상태, 습기 흡수 여부 확인<br>- 광경화성 레진·나일론 파우더 등 습기에 민감한 재료는 밀봉 보관 필요 |
| 장비<br>유지보수 | - 정기적인 노즐 청소, 베드 정렬, 유지보수 수행<br>- 장비 안정성 향상 및 오류 최소화 |
| 품질 점검 및<br>개선 | - 출력물 품질을 주기적으로 점검<br>- 출력 실패 원인을 분석해 공정 개선 |

## 5 후처리(Post-Processing)

3D프린팅이 완료되면 후처리 Post-Processing 단계에 들어갑니다. 이 단계
는 출력된 제품의 품질을 높이고 최종 완성도를 확보하기 위해 필수
적으로 수행되며, 출력 방식과 재료에 따라 다양한 후처리 방법이 적
용됩니다.

후처리는 크게 서포트 제거, 표면 처리, 경화 및 열처리, 도장 및 코팅의 네 가지 과정으로 나눌 수 있습니다.

## 서포트 제거 (Support Removal)

서포트 구조는 출력 중 제품이 무너지지 않도록 지지해주는 역할을 하지만, 출력이 완료된 후에는 제거해야 합니다.

표60. **서포트 제거 방법**

| 분류 | 내용 |
|---|---|
| 수작업 제거 | - 플라이어, 니퍼, 칼 등을 이용해 수작업으로 제거 |
| 용해성 서포트 제거 | - PVA(Polyvinyl Alcohol) 등 물에 녹는 서포트 사용<br>- 물에 담가 녹여 제거하며, 제품과의 경계가 깔끔하게 처리됨 |
| 화학적 용해 | - SLA나 DLP 방식의 레진 서포트 제거 시 적용<br>- 알코올 또는 특수 용매를 사용해 녹여 제거 |

서포트를 제거할 때에는 제품의 표면에 흠집이 생기지 않도록 주의해야 하며, 작은 디테일이나 얇은 부분은 손상될 위험이 있어 섬세하게 작업해야 합니다.

## 표면 처리 (Surface Finishing)

서포트를 제거한 후에는 출력물의 표면을 매끄럽게 다듬는 작업이 필요합니다. 특히, FDM 방식의 경우 층 [layer]이 선명하게 보이기 때문에 후처리로 표면 품질을 개선해야 합니다.

표61. **표면 처리 방법**

| 분류 | 내용 |
|---|---|
| **연마**<br>Sanding | - 사포를 이용해 표면을 매끄럽게 처리<br>- 점점 고운 사포로 순차적 연마<br>- 물 사포 사용 시 더욱 부드러운 마감 가능 |
| **증기 처리**<br>Vapor Smoothing | - ABS 소재에 아세톤 증기를 사용하여 표면을 녹여 광택 부여<br>- 매끄럽고 안전한 마감 가능<br>- 통풍이 잘되는 작업 환경 필요 |
| **도포 및 코팅** | - 에폭시, 우레탄 등 코팅제를 사용해 표면 매끄럽게 처리<br>- 내구성 및 방수 성능 향상, 광택 효과 가능 |
| **샌드블라스팅**<br>Sandblasting | - SLS 및 금속 출력물에 적용<br>- 미세 입자를 고압 분사해 표면을 고르게 정리 |

표면 처리는 제품의 외관 품질을 높이는 데 중요한 역할을 하며, 후속 작업(도색, 조립 등)의 접착력도 향상시킵니다.

## 경화 및 열처리 (Curing & Heat Treatment)

경화 및 열처리는 제품의 기계적 강도와 내구성을 높이는 과정입니다.

표62. **경화 및 열처리 방법**

| 분류 | | 내용 |
|---|---|---|
| **경화**<br>Curing | 목적 | - SLA, DLP 방식의 광경화성 레진을 완전히 단단하게 만들기 위함<br>- 자외선(UV) 경화 과정 필요 |
| | 방법 | - 전용 UV 경화 장비 또는 자외선에 노출시켜 진행 |
| **열처리**<br>Heat<br>Treatment | 목적 | - 금속 출력물의 내부 응력을 제거하고 기계적 특성 강화 |
| | 방법 | - 어닐링(Annealing), 템퍼링(Tempering), 소결(Sintering) 등<br>- 고온 전기로에서 수행 |

이 단계는 제품의 강도, 내열성, 내구성을 높이는 중요한 공정으로, 특히 금속 출력물이나 고강도 플라스틱 출력물에 사용됩니다.

### 도장 및 코팅 (Painting & Coating)

도장 및 코팅은 제품의 외관을 개선하고 기능성을 부여하기 위해 수행됩니다.

표63. **도장 및 코팅 방법**

| 분류 | 내용 |
|------|------|
| **도장**<br>Painting | - 스프레이 또는 브러시를 이용해 원하는 색상으로 제품 도색<br>- 사전에 프라이머(Primer)를 도포하여 접착력 향상 |
| **코팅**<br>Coating | - 제품의 내구성 강화 및 외부 충격/화학물질 저항성 확보<br>- 우레탄, 에폭시, PVD(Plasma Vapor Deposition) 코팅 적용 |
| **후코팅**<br>Post-Coating | - 도장 및 코팅 후 건조 및 경화 과정을 통해 표면 보호 및 내구성 향상 |

도장 및 코팅 작업은 제품의 디자인, 내구성, 방수 및 방화 성능 등을 강화하며, 고급스러운 외관을 제공합니다.

### ⑥ 품질 검사 및 조립 (Quality Inspection & Assembly)

후처리가 완료된 제품은 품질 검사 및 조립 단계를 거쳐 최종 완성됩니다. 이 단계는 출력된 제품의 품질을 확인하고, 필요한 경우 부품을 조립하여 최종 제품을 완성하는 과정입니다.

## 품질 검사 (Quality Inspection)

품질 검사는 치수 정확성, 표면 품질, 기계적 특성 등을 확인하기 위해 수행됩니다.

**표64. 품질 검사 방법**

| 분류 | 내용 |
|------|------|
| **3D스캐너 및**<br>**CMM (좌표 측정기)** | - 출력물의 치수를 측정<br>- 설계 데이터와 비교해 오차 확인 |
| **비파괴 검사**<br>Nondestructive Testing | - 초음파, X-ray, CT 스캔 등을 활용<br>- 내부 결함(공극, 균열) 검사 |
| **기계적 특성 테스트** | - 강도, 인장력, 충격 저항성, 열 저항성 등 테스트<br>- 제품의 기능성 확인 |

이 단계에서 제품의 정밀도, 강도, 내구성이 설계 요구 사항에 부합하는지 확인하며, 불량 제품은 수정 또는 재출력됩니다.

## 조립 및 적합성 테스트 (Assembly & Fit Testing)

제품이 여러 부품으로 구성된 경우, 각 부품을 조립하고 적합성을 확인합니다.

표65. **조립 및 적합성 테스트**

| 분류 | 내용 |
| --- | --- |
| 조립 | - 나사 결합, 접착제, 볼트 체결 등 다양한 방식으로 조립 수행 |
| 적합성 테스트<br>Fit Testing | - 부품 간 결합 상태 및 작동 여부 확인<br>- 완성된 제품이 정상 작동하는지 점검 |
| 기능 테스트 | - 전자제품의 경우 전기적 연결 상태 및 작동 기능 테스트 |

이 단계에서 조립 불량, 적합성 문제가 발생하면 수정 작업을 거치며, 최종 확인 후 포장 및 출하 준비가 완료됩니다.

## ❼ 생산 공정 관리 및 개선(Production Management & Improvement)

마지막 단계는 생산 공정 관리 및 개선입니다. 이 단계는 생산 효율성, 품질 안정성, 비용 절감을 위해 생산 공정을 관리하고 지속적으로 개선하는 과정입니다.

표66. **생산 공정 관리 및 개선 활동**

| 분류 | 내용 |
| --- | --- |
| 공정 데이터<br>수집 및 분석 | - 출력 시간, 불량률, 소재 사용량 등의 데이터를 수집·분석하여 문제점 도출 |
| 공정 최적화 | - 데이터 분석을 기반으로 공정 속도, 품질, 원가 절감 등을 위한 최적화 수행 |
| 문제 해결<br>및 개선 | - 출력 실패 원인 분석 및 개선 방안 적용<br>- 불량률 최소화 |
| 반복성과<br>재현성 보장 | - 동일한 품질의 제품을 일관되게 생산할 수 있도록 프로세스 표준화 및 관리 수행 |

이 단계는 생산 공정의 효율성, 품질 일관성, 비용 절감을 극대화하며, 지속 가능한 제조를 실현합니다.

이와 같이 3D프린팅 생산 공정은 7단계로 구성되며, 각 단계마다 세밀한 관리와 조정이 필요합니다. 이 공정을 통해 설계의 자유도, 맞춤형 제작, 소량 생산의 장점을 극대화할 수 있습니다.

## 4-2. 3D프린팅 부품의 후처리 종류는?

3D프린팅 출력물이 완성된 후에는 표면 품질을 높이고, 내구성을 강화하며, 기능성을 추가하기 위해 다양한 후처리 과정을 거칩니다. 후처리는 출력물의 상태와 목적에 따라 다음의 순서로 진행됩니다.

표67. **3D프린팅 후처리 공정**

| 1 | 2 | 3 | 4 | 5 |
|---|---|---|---|---|
| 서포트 제거 | 표면 처리 | 기계적 강화 | 도장 및 코팅 | 특수 처리 |

각 단계별 후처리 방법은 다음과 같습니다.

### ■ 서포트 제거(Support Removal)

3D프린팅 과정에서 복잡한 형상이나 오버행 Overhang 부분을 지지하기 위해 사용된 서포트 구조를 제거하는 단계입니다.
서포트는 출력물의 형상을 유지하고 변형을 방지하기 위해 필수적이지만, 출력 후에는 제거해야 최종 형태가 완성됩니다. 서포트를 제거하지 않으면 디테일한 부분이 가려지거나 표면이 거칠어질 수 있습니다.

표68. **서포트 제거 방식**

| 분류 | 내용 |
|---|---|
| **물리적 제거** | - 니퍼, 핀셋, 칼 등을 사용하여 물리적으로 제거<br>- 깊게 다뤄야 할 경우 출력물 손상 주의 필요 |
| **화학적 제거** | - 수용성 서포트는 물 또는 알코올에 담가 녹여 제거<br>- 표면 손상 없이 깔끔한 제거 가능 |

표69. **서포트 제거 후처리 팁**

| 분류 | 내용 |
|---|---|
| **복잡한 출력물** | - 디테일이 많은 출력물은 얇은 도구를 사용하여 섬세하게 제거 |
| **수용성 서포트** | - 적절한 온도의 물에 충분히 담가두면 더 쉽게 녹음 |

## ❷ 표면 처리 (Surface Finishing)

서포트를 제거한 후에는 출력물의 표면을 매끄럽게 하고 디테일을 살리기 위해 표면 처리를 합니다.

3D프린팅은 레이어를 쌓아가는 방식으로 제작되기 때문에 층층이 쌓인 결이 남을 수 있습니다. 이 결을 제거하고 시각적 완성도를 높이기 위해 다양한 표면 처리 기법을 사용합니다.

### 표70. 표면 처리 방식

| 분류 | 내용 |
|---|---|
| 샌딩<br>Sanding | - 사포나 전동 연마기를 사용해 레이어 자국 제거<br>- 거친 사포 → 고운 사포 순으로 사용해 부드러운 표면 구현<br>- 디테일을 살리며 매끄럽게 마감 가능 |
| 화학적 연마<br>Chemical<br>Smoothing | - 아세톤 증기나 전용 용제를 사용해 출력물 표면을 자연스럽게 녹여 매끈하게 처리<br>- ABS, ASA 소재에 적합<br>- 광택 및 방수 기능 개선 |
| 폴리싱<br>Polishing | - 연마제나 폴리싱 컴파운드로 표면을 광택 처리<br>- 고속 회전 브러시 사용 시 작업 시간 단축 가능 |

### 표71. 표면 처리 후처리 팁

| 분류 | 내용 |
|---|---|
| FDM 출력물 | - 샌딩 후 프라이머(Primer) 사용 시 도장 접착력 향상 |
| SLA 출력물 | - 화학적 연마 후 UV 경화 처리<br>- 내구성과 광택 증가 |

## ❸ 기계적 강화(Mechanical Enhancement)

출력물의 강도와 내구성을 높이고, 기능적 요구사항을 충족하기 위해 기계적 강화 과정을 거칩니다.

3D프린팅 출력물은 기본적으로 레이어 간 접착력에 의해 강도가 결정되기 때문에, 기계적 강화를 통해 내구성과 수명을 더욱 높일 수 있습니다.

### 표72. 기계적 강화 방식

| 분류 | 내용 |
|---|---|
| **열처리**<br>Heat Treatment | - 출력물을 고온에서 가열 후 서서히 냉각하여 내부 응력 제거<br>- 강도 및 내구성 향상<br>- 어닐링(Annealing), 담금질(Quenching), 템퍼링(Tempering) 등 적용 |
| **접착 및 조립**<br>Adhesive Bonding<br>& Assembly | - 큰 출력물을 나눠 출력 후 접착제로 결합<br>- 에폭시, 순간접착제(CA Glue) 사용 가능<br>- 스냅핏(Snap-Fit) 설계를 활용하면 접착제 없이 결합 가능 |

### 표73. 기계적 후처리 팁

| 분류 | 내용 |
|---|---|
| **PLA & ABS** | - 어닐링 시 내열성과 강도 증가 |
| **스냅핏 설계** | - 조립 후 분해가 필요한 부품에 유용 |

## ◢ 도장 및 코팅 (Painting & Coating)

출력물의 시각적 완성도를 높이고, 내구성 및 기능성을 강화하기 위해 도장 및 코팅을 진행합니다.

### 표74. 도장 및 코팅 방식

| 분류 | 내용 |
|---|---|
| **도장**<br>Painting | - 스프레이 페인트 또는 에어브러시로 색상 입힘<br>- 디자인 완성도 향상<br>- 프라이머(Primer) 사용 시 접착력과 색 균일성 증가 |
| **코팅**<br>Coating | - 에폭시 수지, UV 코팅, 분체 코팅 등으로 내구성·방수성·내식성 강화<br>- 분체 코팅(Powder Coating)은 금속 출력물에 적합, 금속 질감 표현 가능 |

표75. **도장 및 코팅 후처리 팁**

| 분류 | 내용 |
|------|------|
| 프라이머 | - 프라이머 사용 시 도장 품질 향상 |
| 에폭시 코팅 | - 방수 기능 및 내충격성 향상 |

## ⑤ 특수 처리 (Special Treatment)

기능성이나 고급 특성을 추가하기 위한 고급 후처리 방식입니다.

표76. **특수 처리 방식**

| 분류 | 내용 |
|------|------|
| **증착 및 증착코팅**<br>Vapor Deposition | - PVD(물리적 증착), CVD(화학적 증착) 방식 사용<br>- 나노미터 두께의 균일한 코팅 형성<br>- 내마모성, 내열성, 전도성 부여<br>- 주로 전자 부품, 항공우주 부품에 적용 |
| **나노 코팅**<br>Nano Coating | - 초소수성, 방오성, 자가 세척 효과 제공<br>- 나노 입자 용액을 분사/침지하여 균일한 막 형성<br>- 의료기기, 광학 장치, 전자기기 등에 적용 |

표77. **특수 처리 후처리 팁**

| 분류 | 내용 |
|------|------|
| 증착 코팅 | - 내마모성이 중요한 부품에 효과적 |
| 나노 코팅 | - 의료기기, 전자기기의 방수·방오 기능 추가 가능 |

이와 같은 후처리 단계를 순차적으로 진행하면, 3D프린팅 출력물의 품질을 크게 높이고 기능성을 강화할 수 있습니다.

## 4-3. 3D프린팅 부품의 표면 처리는?

3D프린팅된 부품의 내구성을 향상시키기 위해 다양한 표면 처리 기술이 활용됩니다. 이 기술들은 출력 과정에서 발생할 수 있는 미세 결함을 보완하고, 부품의 마모 저항성, 피로 강도, 내식성을 강화하여 수명을 연장합니다.

샌드블라스팅 및 쇼트피닝과 같은 물리적 처리에서부터 화학적 코팅, 열처리까지 부품의 용도와 사용 환경에 따라 적합한 기술이 선택됩니다. 이러한 표면 처리 기술은 3D프린팅된 부품의 기계적 성능을 최적화하고, 신뢰성과 지속가능성을 극대화합니다.

### ◉ 물리적 표면 처리 기술

물리적 표면 처리는 입자 충돌, 압력, 마찰처럼 힘을 이용해 표면 상태를 바꾸는 방식입니다. 표면의 거친 부분을 깎아내거나 눌러 정리해 표면 조도를 낮추고, 도장·코팅이 잘 붙도록 바탕을 만들며, 금속 부품의 경우에는 표면에 압축 응력을 부여해 피로 강도를 개선하는 데도 활용됩니다.

표78. **샌드블라스팅 (Sandblasting)**

| 분류 | 내용 |
|---|---|
| 목적 | 표면의 잔여 파우더 및 거친 질감을 제거하고 균일하고 부드러운 표면 생성 |
| 공정 | Ⓐ : 고압 공기를 사용하여 미세 입자를 표면에 분사 |
| | Ⓑ : 표면 결을 미세하게 조정하여 도장 및 코팅의 접착력 향상 |
| 적용 부품 | 금속 및 플라스틱 출력물 |

### 표79. 쇼트피닝 (Shot Peening)

| 분류 | 내용 |
|---|---|
| 목적 | 금속 표면에 압축 잔류 응력을 부여하고 피로 강도와 마모 저항성 개선 |
| 공정 | Ⓐ : 금속 표면에 강구(steel shot)를 고속으로 충격 |
| | Ⓑ : 미세한 표면 변형을 유발해 응력을 분산시킴 |
| 효과 | 3D프린팅된 금속 부품의 피로 수명 증가 |

### 표80. 폴리싱 (Polishing)

| 분류 | 내용 |
|---|---|
| 목적 | 매끄러운 표면을 생성하고 미세 균열 및 결함 제거 |
| 공정 | Ⓐ : 기계식 또는 화학적 방법으로 표면 연마 |
| | Ⓑ : 고속 회전 브러시 또는 미세 연마제 사용 |
| 효과 | 의료용 부품이나 광학 장치에 높은 표면 품질 부여 |

## ◉ 화학적 표면 처리 기술

화학적 표면 처리는 용액 반응이나 전기화학 반응을 이용해 표면을 미세 가공하거나 보호막을 형성하여 부식 저항, 접착성, 표면 품질을 개선합니다.

### 표81. 화학적 에칭 (Chemical Etching)

| 분류 | 내용 |
|---|---|
| 목적 | 출력 표면의 불균일성 제거하고 표면 균일화 및 후속 코팅의 접착력 향상 |
| 공정 | Ⓐ : 산 또는 염기를 포함한 화학 용액으로 표면 미세 제거 |
| | Ⓑ : 부품의 재질과 요구 특성에 맞는 용액 사용 |
| 적용 부품 | 금속 및 일부 플라스틱 부품 |

### 표82. 아노다이징 (Anodizing)

| 분류 | 내용 |
| --- | --- |
| 목적 | 알루미늄 및 기타 금속 표면에 산화층을 형성하여 내구성 강화 |
| 공정 | Ⓐ : 금속 부품을 전해질 용액에 담그고 전류 인가 |
| | Ⓑ : 표면에 산화알루미늄 층이 형성되어 내식성 및 내마모성 향상 |
| 효과 | 산업 장비, 전자기기 외장재 등에서 적용 가능 |

### 표83. 화학적 증착 (CVD, Chemical Vapor Deposition)

| 분류 | 내용 |
| --- | --- |
| 목적 | 표면에 얇고 균일한 코팅층을 형성하여 내식성 및 내열성 강화 |
| 공정 | Ⓐ : 고온 환경에서 화학 물질을 기체 상태로 증착 |
| | Ⓑ : 세라믹 또는 탄소 기반의 코팅층 형성 |
| 효과 | 고온 및 화학적 환경에서 사용하는 산업용 부품에 적용 |

## ○ 열처리 기반 표면 처리

열처리 기반 표면 처리는 온도와 반응 분위기(가스·플라즈마)를 제어해 표면층의 성분과 조직을 변화시켜 경도·마모 저항·피로 수명을 향상시키는 방법입니다.

### 표84. 질화 처리 (Nitriding)

| 분류 | 내용 |
| --- | --- |
| 목적 | 금속 표면에 질소를 확산시켜 경도 및 내마모성 향상 |
| 공정 | Ⓐ : 금속 부품을 질소 분위기에서 고온 처리 |
| | Ⓑ : 표면에 질화층 형성 |
| 효과 | 산업 장비 및 전자기기 외장재 등에 적용 가능 |

표85. **플라즈마 열처리 (Plasma Treatment)**

| 분류 | 내용 |
|---|---|
| 목적 | 플라즈마를 이용해 금속 및 복합재 표면에 얇은 경질 코팅층 형성 |
| 공정 | Ⓐ : 플라즈마를 생성하여 표면 활성화 |
| | Ⓑ : 코팅층 부착 또는 표면의 불순물 제거 |
| 효과 | 의료용 부품 및 고성능 기계 부품에 적용 |

## ⊙ 특수 코팅 기술

특수 코팅 기술은 표면에 기능성 박막을 형성하여 내마모·내식·저마찰·방오/발수 등 요구 성능을 부여하며, 사용 목적에 따라 코팅 재료와 공정이 달라집니다.

표86. **나노 코팅 (Nano Coating)**

| 분류 | 내용 |
|---|---|
| 목적 | 표면에 초소수성 및 방오성 부여 |
| 공정 | Ⓐ : 나노 입자를 표면에 분사하거나 용액에 침지 |
| | Ⓑ : 저온에서 경화하여 균일한 코팅층 형성 |
| 효과 | 의료 장비, 광학 장치, 전자기기의 내구성 향상 |

표87. **PVD (Physical Vapor Deposition)**

| 분류 | 내용 |
|---|---|
| 목적 | 금속 표면에 얇은 코팅층을 형성하여 내마모성 및 내식성 향상 |
| 공정 | Ⓐ : 진공 상태에서 금속을 증착 |
| | Ⓑ : 크롬, 알루미늄 등으로 균일한 금속 코팅층 형성 |
| 효과 | 고급 외관과 내구성이 요구되는 부품에 적용 |

## ◎ 복합 표면 처리 공정

여러 표면 처리 기술을 조합하여 복합적인 성능을 제공합니다.

표88. **복합 표면 처리 공정 조합 예시**

| 순서 | 1 | 2 | 3 | 4 |
|------|-----|-----|-----|-----|
| 공정 | 샌드블라스팅 | 화학적 에칭 | 도장 및 코팅 | 클리어 코팅 |

## 4-4. 출력된 부품의 내구성 향상을 위한 열처리 방법은?

　　3D프린팅 부품의 후처리 및 표면 처리 공정은 출력된 부품의 기계적 성질, 내구성, 표면 품질을 개선하기 위해 사용됩니다.

이 중에서 열처리는 금속 3D프린팅 부품의 내부 응력을 제거하고 미세구조를 최적화하여 강도, 연성, 피로 저항성을 향상시키는 핵심 공정입니다. 이러한 열처리 공정은 후속 도장 및 코팅, 내구성 향상을 위한 표면 처리 기술과 결합되어 3D프린팅 부품의 기계적 성능을 높이고 내구성을 증대시키며, 미적 품질을 개선할 수 있습니다.

금속 부품의 열처리와 표면 처리 기술은 다양한 산업에서 광범위하게 사용되고 있으며, 부품의 신뢰성과 활용도를 극대화할 수 있습니다.

표89. **열처리의 목적**

| 분류 | 내용 |
|------|------|
| 내부 응력 제거 | 출력 중 발생하는 열 축적 및 급속 냉각으로 인한 잔류 응력을 완화 |
| 미세구조 정제 | 조직 크기를 균일화하고 기공 및 결함 최소화 |
| 기계적 특성 강화 | 인장 강도, 연성, 피로 수명 향상 |

## 표90. 주요 열처리 공정

| 어닐링 (Annealing) | |
|---|---|
| 목적 | 내부 응력 제거 및 연성 증가 |
| 공정 | 부품을 600~800℃로 천천히 가열한 후, 수 시간 유지하고 서서히 냉각 |
| 적용 소재 | 티타늄 합금, 알루미늄 합금, 스테인리스 스틸 |

| 시효 경화 (Aging) | |
|---|---|
| 목적 | 특정 합금(예: 알루미늄, 니켈)의 강도 및 경도 향상 |
| 공정 | 합금을 용체화 처리한 뒤, 150~200℃의 낮은 온도에서 장시간 유지 |
| 적용 소재 | 알루미늄 합금, 니켈 기반 합금 |

| 담금질 및 템퍼링 (Quenching & Tempering) | |
|---|---|
| 목적 | 기계적 강도 및 내마모성 향상 |
| 공정 | 고온(850~950℃)에서 가열 후 물 또는 기름으로 급냉하고, 템퍼링을 위해 중간 온도에서 재가열 |
| 적용 소재 | 공구강, 스테인리스 스틸 |

| 열간 등방성 프레스 (HIP, Hot Isostatic Pressing) | |
|---|---|
| 목적 | 기공 제거 및 밀도 향상 |
| 공정 | 1,000℃ 이상의 고온과 100 MPa 이상의 고압 환경에서 동시 처리 |
| 적용 소재 | 티타늄 합금, 니켈 합금, 고온 합금 |

## 4-5. 출력된 부품의 내구성 향상을 위한 도장 및 코팅 방법은?

3D프린팅 부품의 도장 및 코팅은 부품의 외관을 개선하고, 내구성, 내식성, 내화학성을 강화하며, 사용 환경에 적합한 표면 특성을 부여하기 위해 사용됩니다. 플라스틱, 금속, 복합재 부품에 따라 사용하는 도장 및 코팅 방식과 공정이 달라집니다.

### 도장 공정

#### ◎ 표면 전처리

도장 공정에서 표면의 청결도와 균일성은 최종 품질에 결정적인 영향을 미칩니다.

표91. **표면 전처리 방법**

| 분류 | 내용 |
|------|------|
| 샌드블라스팅 | 부품 표면의 잔여 분말 및 거친 질감을 제거하여 도장·코팅 접착력 향상 |
| 화학 세척 | 알코올, 아세톤, 특수 용제를 사용해 표면의 기름과 먼지 제거 |
| 프라이머 Primer 도포 | 도장 접착력을 높이기 위해 프라이머를 분사하며, 일반적인 건조 시간은 30~60분 |

#### ◎ 도장

도장은 부품의 외관 품질을 높이고, 내구성을 강화하는 핵심 단계입니다.

표92. 도장의 종류

| 분류 | 내용 |
| --- | --- |
| 스프레이 도장 | 에어건 또는 HVLP(고압저량 스프레이)를 사용하여 균일한 색상과 얇은 코팅층 형성 |
| 브러시 도장 | 세밀한 영역이나 단색 표현에 적합한 방식 |
| 중간 코팅 | 색상 불균일 또는 표면 균일성이 낮을 경우 2~3회 반복 도장 |
| 건조 | 자연 건조 또는 40~70℃에서 오븐 열 건조 |

## 마감 처리

마감 처리는 내구성과 외관 품질을 한층 더 향상시키는 단계입니다.

표93. 도장 후 마감 처리 방법

| 분류 | 내용 |
| --- | --- |
| UV 코팅 | 자외선 경화 방식으로 내마모성 및 내화학성 강화 |
| 클리어 코팅 | 광택 부여 및 표면 보호를 위한 투명 코팅층 적용 |

## 코팅 공정

### 분체 코팅(Powder Coating)

분체 코팅은 분말 도료를 표면에 부착한 뒤 가열·경화하여 코팅막을 형성하는 방식으로, 내구성과 내식성이 우수하고 용제 사용이 적어 친환경적입니다.

표94. **분체 코팅**

| 분류 | 내용 |
| --- | --- |
| 적용 | 금속 및 내구성이 요구되는 플라스틱 부품에 적용 |
| 공정 | Ⓐ : 부품 표면에 정전기를 부여하고 코팅 분말을 균일하게 분사 |
|  | Ⓑ : 200℃ 오븐에서 가열하여 분말 용융 |
|  | Ⓒ : 경화된 코팅층 형성 |

## ⊙ 전기 도금(Electroplating)

전기 도금은 전류로 금속막을 형성해 외관과 내식성을 개선하는 표면 처리입니다.

표95. **전기 도금**

| 분류 | 내용 |
| --- | --- |
| 적용 | 금속 출력물의 외관 개선 및 부식 방지 |
| 공정 | Ⓐ : 부품을 전해질 용액에 침지 |
|  | Ⓑ : 부품에 음극(-), 도금 금속에 양극(+)을 연결하고 전류 인가 |
|  | Ⓒ : 니켈, 크롬 등의 도금 금속층을 표면에 형성 |

## ⊙ 세라믹 코팅

세라믹 코팅은 내열성과 내화학성이 우수하여 산업 장비 및 엔진 부품에 사용되는 코팅입니다.

표96. **세라믹 코팅**

| 분류 | 내용 |
| --- | --- |
| 공정 | Ⓐ : 세라믹 분말을 플라즈마 스프레이 방식으로 고온 용융 후 표면에 부착 |
|  | Ⓑ : 균일한 세라믹 코팅층 형성 |

## 나노 코팅

나노 코팅은 초소수성, 방오성, 자가 세척 효과를 제공해주는 코팅입니다.

표97. **나노 코팅**

| 분류 | 내용 |
| --- | --- |
| 적용 | 의료 장비, 광학 부품, 전자기기에 사용 |
| 공정 | Ⓐ : 나노 입자 용액을 스프레이 또는 침지 방식으로 도포 |
| | Ⓑ : 저온에서 경화되어 얇고 균일한 나노 코팅층 형성 |

## 3D프린팅 부품의 도장 및 코팅 공정 순서

도장·코팅은 전처리부터 마감까지 단계적으로 진행되며, 요구 성능에 따라 공정 조건을 조정합니다.

표98. **3D프린팅 부품의 도장 및 코팅 공정 순서와 그 내용**

| 분류 | 내용 |
| --- | --- |
| 전처리 | 표면 청소, 샌드블라스팅, 화학 세척 |
| 프라이머 도포 | 접착력 및 코팅층 균일성 향상 |
| 도장 | 에어건 또는 브러시로 색상 도포 (필요시 중간 도장 반복) |
| 건조 | 자연 또는 오븐 건조 |
| 마감 처리 | UV 코팅, 클리어 코팅 또는 특수 코팅 적용 |

## 4-6. 출력된 부품의 기계적 특성은?

　　3D프린팅 부품의 기계적 특성은 사용 환경에 따라 다르며, 인장 강도, 굽힘 강도, 충격 저항성, 피로 성능, 압축 강도 등 다양한 측면에서 평가됩니다. 국제적으로 인정받은 ASTM(미국재료시험협회) 및 ISO(국제표준화기구) 표준이 이러한 평가를 위한 기본 가이드라인을 제공합니다.

이러한 표준은 부품의 설계, 재료, 제조 방식별 특성을 검증하며, 항공우주, 자동차, 의료, 소비재 등 다양한 산업에서 신뢰성을 보장하기 위해 사용됩니다.

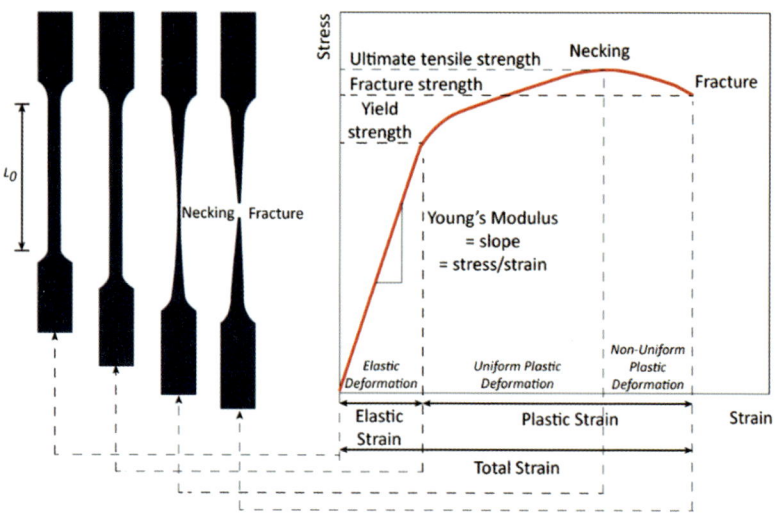

| 3D프린팅 재료의 기계적 성능 분석

## 표99. 부품의 기계적 특성 항목

| 기계적 특성 | 목적 | 적용 표준 | 결과 분석 | 적용재료 및 사양 |
|---|---|---|---|---|
| 인장 강도 | 잡아당기는 힘에 견디는 최대 하중 측정 | ASTM D638 (플라스틱) ASTM E8/E8M (금속) ISO 527 (열가소성 및 열경화성 플라스틱) | 응력-변형 곡선을 통해 항복 강도, 인장 강도, 파단 시 연신율 계산 | ABS, PA6 (자동차 부품) 티타늄, 알루미늄 (항공우주 부품) |
| 인장 신율 | 늘어나는 비율을 측정하여 신축성 및 유연성 평가 | ASTM D638 (플라스틱) ASTM E8/EBM (금속) | 최종 길이와 원래 길이의 차이를 백분율(%)로 표시 | TPU (유연한 부품) 나일론, PETG (신축성 부품) |
| 굽힘 강도 | 휘어질 때 부러지지 않고 견디는 최대 하중을 측정 | ASTM D790 (플라스틱) ISO 178 (열가소성 및 열경화성 소재) | 굽힘 강도 (최대 하중), 굽힘 탄성 계수 (유연성) 평가 | ABS, PLA (가전 제품 외장) PC, 나일론 (노트북 외장) |
| 노치드 아이조드 충격 | 충격에 의해 파손될 때 흡수한 에너지로 충격 저항성 평가 | ASTM D256 (플라스틱) ISO 180 (샤르피 충격 시험) | 에너지 흡수량 측정을 통해 충격 저항성 계산 | ABS (가전제품 외장) PC, TPU (방어용 케이스) |
| 열변형 온도 HDT | 고온에서 변형되기 시작하는 온도 측정 | ASTM D648 (플라스틱) ISO 75 (열가소성 및 열경화성 소재) | 온도와 변형량 기록으로 열 변형 온도 평가 | PEEK, PEI (고온 환경 부품) PPSU, ABS (내열성 부품) |
| 파단 신율 | 파단되기 전까지 늘어나는 비율을 측정 | ASTM D638 (플라스틱) ASTM E8/E8M (금속) | 파단 시점의 연신율(%) 측정 | TPU (유연한 부품) 나일론, PETG (내구성 부품) |
| 쇼어 경도 | 표면의 경도와 탄성을 측정 | ASTM D2240 (쇼어 A, 쇼어 D) ISO 868 (플라스틱 및 고무) | 경도와 탄성 평가 | TPU (쇼어 A, 유연한 케이스) ABS (쇼어 D, 단단한 외장) |
| 밀도 및 내부 구조 | 밀도와 내부 기공 분포를 분석하여 구조적 강도와 내구성 평가 | ASTM B962 (밀도 및 내부 기공 시험) ISO 3369 (금속 내부 기공 분석) | 밀도 값과 내부 기공 크기 및 분포를 측정하여 구조적 강도 및 내구성 평가. 기공률(Porosity)과 밀도 분포를 시각화하여 기계적 성능 예측 | 플라스틱: 나일론, PM12 (SLS 부품) 금속: 티타늄, 알루미늄, 니켈 합금 적용 사례: 항공우주 부품, 의료용 임플란트, 경량 구조물 |

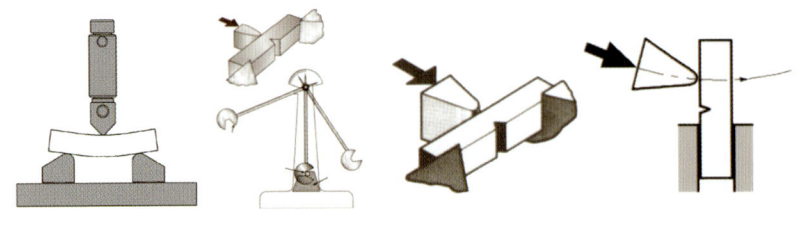

| 굽힘강도 테스트 | 샤르피 충격시험 | (좌, 우) 아이조드 충격 테스트

## ◉ 기계적 특성 파악을 위한 마이크로 구조 분석

출력물의 내부 기공, 미세 균열, 조직 분포 등은 부품의 물리적 특성에 큰 영향을 미칩니다.

표100. **마이크로 구조 분석 종류와 적용사례**

| 분류 | 내용 |
| --- | --- |
| SEM (주사 전자현미경) | 출력물 내부의 기공 및 균열을 관찰하여 구조적 결함 확인 |
| CT (컴퓨터 단층 촬영) | 금속 출력물의 내부 기공 분포와 크기를 비파괴적으로 분석 |
| 적용 사례 | GE Additive는 CT 분석을 통해 항공기 부품의 내부 결함을 저감 |

## 4-7. 3D프린팅 공정의 반복성과 재현성을 보장하기 위한 방안은?

3D프린팅의 반복성과 재현성은 기술의 신뢰성을 보장하고, 3D프린팅이 대량 생산 및 품질 관리 체계에 통합되기 위해 꼭 필요합니다. 이를 보장하기 위해 공정 표준화, 실시간 모니터링, 장비와 재료의

관리, 그리고 데이터 분석 기술이 필수적으로 활용됩니다.
다음은 각 단계별 방법입니다.

## 공정 표준화

### ◉ 출력 파라미터 표준화

프린터와 재료의 성능을 일정하게 유지하면 반복 품질이 향상됩니다.
예를 들어 금속 3D프린팅 $^{PBF}$에서는 레이저 강도와 스캔 속도를 1%
미만 변동 폭으로 관리해야 합니다. FDM 방식에서는 노즐·베드 온도
변화를 ±1°C 이내로 유지하면 열 변형을 줄일 수 있습니다.

### ◉ 소재 관리 표준화

소재(분말·필라멘트)의 보관·건조·혼합 조건을 표준화하면 수분 흡수
와 조성 편차를 줄여 반복 품질이 안정화됩니다.

표101. **소재 관리 표준화**

| 분류 | 내용 |
|---|---|
| **파우더 기반 공정**<br>SLS, PBF | - 재사용 파우더와 신선 파우더를 일정 비율(예: 50:50)로 혼합<br>- 산화 정도 측정 후 재사용 여부 결정 → 품질 편차 완화 |
| **FDM**<br>**필라멘트** | - PLA, ABS, 나일론 등은 습도와 온도에 민감<br>- 수분 흡수 시 기포 발생, 표면 거칠어짐, 강도 및 접착력 저하<br>- 보관 방법: 상대 습도 10% 미만 유지, 밀폐형 보관함, 진공 포장, 실리카겔 또는 제습제 사용, 온도는 15~25°C로 유지하며 사용 후 즉시 보관 |
| **출력 프로세스**<br>**문서화** | 레이저 출력, 온도 등 조건을 기록하여 공정 비교 및 문제 해결에 활용 |

## 실시간 모니터링 및 피드백 시스템

### ● 레이어 품질 모니터링

각 레이어를 스캔하여 기공이나 미성형을 실시간으로 감지합니다. 예를 들어 금속 3D프린팅(PBF)에서는 레이저 용융 구역의 온도를 상시 모니터링함으로써 레이어 결함을 조기에 감지할 수 있습니다. 열화상 카메라나 적외선 센서를 활용하면 온도 변화를 실시간으로 확인하여 레이저 강도와 스캔 속도를 자동 조정할 수 있습니다.

### ● 광학 센서 및 카메라

광학 센서와 카메라는 출력 중 레이어 두께, 경계선 정렬, 소재 분포 등을 실시간 모니터링하여 이상이 감지되면 즉시 경고를 보냅니다. 또한, 소프트웨어와 연동하여 결함 발생 시 알림을 제공해 출력 품질을 안정적으로 유지합니다.

### ● AI 기반 품질 분석

AI는 출력 중 이상 패턴을 학습하고, 온도나 레이저 출력과 같은 변수를 자동으로 조정하여 최적의 출력을 유지합니다. 이로 인해 재현성이 크게 향상되며, 일관된 품질을 보장합니다.

### ● 레이저 출력 조정

금속 3D프린팅에서 과열 부위를 감지하면 레이저 강도를 즉시 조정해 결함 발생을 방지합니다. 또한, 실시간으로 용융 풀 크기를 측정하여 레이저 출력이 자동으로 제어되므로 정밀한 금속 부품 제작이 가능합니다.

## 장비와 재료 관리

### ◉ 장비 캘리브레이션

정기적으로 빌드 플랫폼(베드)의 평탄도를 점검하고, 레이저 스폿 크기·위치를 교정하면 층간 결함이나 치수 편차가 줄어듭니다.

### ◉ 재료 품질 관리

파우더의 평균 입도·분포나 필라멘트의 건조 상태를 엄격히 관리하면 물리·화학적 특성이 안정화됩니다.

## 데이터 기반 공정 최적화

### ◉ 통계적 공정 관리(SPC)

레이저 출력, 온도, 속도 등의 변동성을 Cpk 같은 지표로 분석하면 안정적 출력 품질을 유지하기가 쉽습니다.

표102. **마이크로 구조 분석 종류와 적용 사례**

| Cpk (Process Capability Index) | |
| --- | --- |
| 설명 | - 공정이 고객 요구(규격 한계) 내에서 얼마나 일관되게 생산되는지를 나타내는 지표<br>- 통계적 공정 관리(SPC)에서 사용<br>- Cpk 값이 높을수록 품질이 일정하고 공정 능력이 우수함 |

### ◉ 디지털 트윈

가상 시뮬레이션과 실제 공정을 비교해, 작은 공정 변화도 실시간으로 감지할 수 있습니다.

### 데이터 기록 및 분석

출력 이력을 모두 저장해 두시면 재현성 문제 발생 시 원인을 추적하고 재발을 방지할 수 있습니다.

## 반복성과 재현성 확보를 위한 검증 방법

### 샘플 출력 테스트

동일 조건으로 여러 샘플을 출력해 물리적·기계적 특성을 측정하고, 이를 통해 변동성 파악이 가능합니다.

### 통계적 품질 검증

인장 강도, 경도, 밀도 등 물성을 반복 측정하고 표준편차를 비교함으로써 품질 안정성을 확인할 수 있습니다.

### 자동화된 반복 출력

대량 생산 환경에서 동일한 조건으로 자동화된 출력 과정을 진행합니다. 이렇게 만들어진 여러 제품들 사이의 차이점을 점검하면 재현성을 쉽게 검증할 수 있습니다.

## 사례 연구: 반복성과 재현성 보장 사례

### BMW

금속 3D프린팅 공정에서 레이저 출력 조건을 최적화하고, 품질관리 시스템을 통해 데이터를 체계적으로 기록함으로써 출력 품질의 변동성을 2% 이내로 유지할 수 있었습니다.

### Siemens

AI 기반 디지털 트윈을 적용해 금속 출력물의 재현성을 98% 이상 확보하고, 출력 실패율을 5% 이하로 낮췄습니다.

### GE Aviation

항공기 연료 노즐 생산에서 파우더 품질을 꾸준히 모니터링한 결과, 동일 품질의 노즐 1만 개 이상을 안정적으로 제조했습니다.

### 참고 정보: 인증 장비/재료 사용

인증받은 장비와 재료를 사용하는 것도 검토할 만합니다. 가장 대표적인 인증 장비와 재료는 Stratasys의 F900 장비와 Ultem 소재입니다. F900와 Ultem 9085 조합은 항공기 실내 부품 용도이며, FAA/EASA 인증에 필요한 공정·소재 안정성을 확보했습니다. 또한 기계적 특성의 재현성을 보장하며 모든 배치와 공정에 대해 추적 가능한 인증 문서를 제공합니다. 이는 재현성, 일관성, 반복성을 확보했다는 의미이므로, 3D프린터 사용자는 더 높은 신뢰를 가지고 기술 적용 연구를 진행할 수 있습니다.

## 4-8. 3D프린터의 정밀도 확보 방안은?

3D프린터의 정밀도는 출력 품질과 기능적 성능을 결정하는 중요한 요소입니다. 이러한 정밀도를 확보하기 위해서는 장비 자체의 안정성, 출력 환경 제어, 재료 품질, 공정 최적화와 같은 다양한 요인을 철저히 관리해야 합니다.

정밀도를 높이기 위해 장비의 유지보수와 캘리브레이션, 출력 환경의 온도 및 습도 제어, 고품질 재료의 사용과 관리, 소프트웨어의 슬라이싱 설정 최적화, 공정 전반의 개선이 유기적으로 이루어져야 합니다. 이러한 체계적인 접근을 통해 출력물의 오차를 최소화하고, 설계에 충실한 결과물을 일관되게 생산할 수 있습니다.

## 장비 및 하드웨어 관리

정밀도 유지를 위해 정기 캘리브레이션(베드·노즐·축 정렬)과 핵심 부품 점검·교체를 표준 주기로 수행해야 합니다.

표103. 프린터 캘리브레이션

| 분류 | 내용 |
| --- | --- |
| 정확한 베드 레벨링 | - 프린터 베드가 노즐과 평행해야 층간 두께와 밀도가 일정하게 유지됨<br>- 자동 베드 레벨링 기능 사용 또는 수동 게이지로 수평도 확인 |
| 노즐 캘리브레이션 | 노즐과 헤드 위치를 정밀하게 조정하여 출력물의 X, Y, Z 축 정렬 보장 |

표104. 장비 유지보수

| 분류 | 내용 |
| --- | --- |
| 노즐 청소 | 노즐 막힘은 출력물 결함 및 정밀도 저하 원인이므로 주기적 클리닝 필요 |
| 부품 점검 및 교체 | - 벨트, 레일, 베어링 등 주요 부품의 마모는 정밀도에 직접적인 영향<br>- 정기 점검 및 이상 발생 시 즉시 교체해야 출력 품질 유지 |

## 출력 환경 관리

### 출력실 온도와 습도 제어

온도의 변동이 심하면 재료의 팽창과 수축으로 인해 출력물의 정밀도가 저하됩니다. 폐쇄형 빌드 챔버를 사용하고, 15~25°C 범위에서 온도를 일정하게 유지해야 합니다.

### 진동 및 외부 충격 방지

프린터가 작동 중일 때 발생하는 진동은 출력물의 층 정렬을 어긋나게 합니다. 따라서 프린터를 안정적인 플랫폼에 설치하고, 외부 충격이 없는 전용 출력 공간을 확보해야 합니다.

### 공기 흐름 제어

출력 중 발생하는 먼지나 입자가 레이저·노즐 작업을 방해하지 않도록, 공기 정화 시스템(예: HEPA 필터)을 사용해 공기의 흐름을 제어해야 합니다.

## 재료 관리

### 고품질 재료 사용

낮은 품질의 필라멘트, 레진, 파우더는 출력 결함과 정밀도 저하를 초래합니다. 제조사의 인증을 받은 고품질 재료를 사용하고, 입자의 크기와 밀도가 균일한지 확인해야 합니다.

### 재료의 보관 및 준비

출력 전 재료의 수분 함량과 오염 여부를 점검하고, 필요 시 건조·밀봉 보관으로 상태를 일정하게 유지해야 합니다.

표105. 재료의 보관 및 준비

| 분류 | 내용 |
|------|------|
| 재료의 건조 | - 습기 흡수 시 출력 중 기포 발생 → 표면 결함 유발<br>- 건조제 포함 밀폐 용기에 보관<br>- 출력 전 필라멘트 건조기 또는 오븐으로 습기 제거 필요 |
| 재료 상태 확인 | - 출력 전 파우더의 분포, 레진 점도 등이 적정 범위인지 점검<br>- 비정상 상태의 재료 사용 시 출력 품질 저하 가능 |

## 소프트웨어 및 데이터 관리

### ○ 출력 데이터 최적화, 공정 시뮬레이션, 레이어 오프셋 보정

소프트웨어 및 데이터를 효과적으로 관리하기 위해선 출력 데이터를 최적화시켜야 하고, 출력 시 변형 등을 예측하여 보정해야 하며, 출력물이 설계에 맞지 않을 시 각 레이어에 보정해야 합니다.

표106. 소프트웨어 및 데이터 관리

| 출력 데이터 최적화 | |
|------|------|
| 메시 수정<br>및 평활화 | - 스캔 기반 CAD 데이터는 슬라이싱 전 오류 수정 필요<br>- 대표적인 수정 도구: Magics, Geomagic 등 |
| 슬라이싱<br>설정 조정 | - 적층 두께를 50~100μm로 설정 → 정밀도 향상<br>- 노즐 이동 속도는 40~60mm/s로 조절 → 출력 결함 최소화 |
| **공정 시뮬레이션** | |
| 내용 | - 출력 중 발생할 수 있는 변형 및 응력을 사전에 예측하고 보정<br>- 금속 출력 시 열적 왜곡 보정은 필수<br>- 주요 시뮬레이션 도구: ANSYS Additive, Simufact |
| **레이어 오프셋 보정** | |
| 내용 | - 출력물이 설계 대비 변형될 경우, 각 레이어에 보정값을 적용<br>- 누적 오차를 줄여 전체 형상 정확도 향상 |

## 공정 최적화

### ◉ 서포트 구조 설계 최적화

서포트 구조가 부족하면 출력물 안정성이 저하되고 정밀도가 떨어질 수 있습니다. 최소한의 서포트를 사용하되, 구조적 지지를 충분히 고려해 설계해야 합니다.

### ◉ 출력 방향 설정

출력 방향에 따라 정밀도가 달라집니다. 일반적으로 X-Y 축 방향의 해상도가 높고, Z 축 방향은 비교적 해상도가 낮을 수 있으므로 최적의 방향을 선택해야 합니다.

### ◉ 후처리 활용

샌딩, 폴리싱, 도금 같은 후처리 작업을 통해 표면 정밀도를 개선할 수 있습니다. 금속 출력물은 열처리 [HIP], 쇼트피닝 등을 추가해 물성을 향상시키기도 합니다.

## 4-9. 품질 관리 및 제어 시스템은 어떻게 구현되나?

　　3D프린팅에서 실시간 품질 모니터링 및 제어 시스템은 출력 중 발생할 수 있는 오류를 사전에 감지하고, 출력 품질을 최적화하기 위해 도입된 기술입니다. 이는 센서, 소프트웨어, 그리고 AI 기반의 분석 시스템을 통해 구현되며, 다음과 같은 단계로 구성됩니다.

### ◉ 실시간 데이터 수집(센서 기반 기술)

3D프린팅 공정에서 품질 모니터링을 위해 사용되는 주요 센서

표107. **실시간 데이터 수집**

| 분류 | 내용 |
|---|---|
| 온도 센서 | 출력 중 재료 온도를 지속적으로 측정해 적절한 가열·냉각 여부 확인 |
| | 예시) FDM 프린터에서 필라멘트가 최적 온도에서 녹고 응고되는지 모니터링 |
| 레이저 센서 및 광학 카메라 | SLA, SLS 공정에서 출력층 정밀도 및 표면 품질을 스캔하여 이상 여부 감지 |
| 진동 센서 | - 출력 플랫폼의 진동 및 프린터 안정성 감지<br>- 출력 정밀도에 영향을 주는 물리적 요인 분석 |
| 파워 센서 (레이저 출력 제어) | - 금속 3D프린팅(L-PBF)에서 레이저 강도 실시간 측정<br>- 출력 품질에 영향을 주는 레이저 출력 변동 모니터링 |

### ◉ 데이터 처리 및 분석(소프트웨어 기반 제어)

수집된 데이터를 실시간으로 처리하기 위해 고급 소프트웨어와 알고리즘이 활용됩니다.

표108. 데이터 처리 및 분석

| 분류 | 내용 |
|------|------|
| 이미지 분석<br>소프트웨어 | - 레이어별 출력 이미지를 비교 분석하여 균열, 기포 등 결함 감지<br>- 이상이 발생한 구역을 실시간으로 표시 |
| 머신러닝과<br>AI 분석 | 과거 출력 데이터를 학습하여 오류 발생 가능성을 사전에 예측 |
| | 예시) 프린팅 속도·온도 등을 자동 조절해 출력 오류 최소화 |
| 디지털 트윈<br>기술 | - 실제 출력과 가상 시뮬레이션 데이터를 실시간 비교<br>- 품질 이상 여부를 즉시 확인 가능 |
| | 적용 사례) Siemens는 디지털 트윈 시스템을 통해 출력 중<br>오류 감지율을 30% 이상 향상 |

## ◉ 품질 제어 및 공정 수정 (실시간 제어 시스템)

모니터링을 통해 감지된 문제는 즉각적으로 공정에 반영되어 수정 됩니다.

표109. 품질 제어 및 공정 수정

| 분류 | 내용 |
|------|------|
| 레이저<br>출력 조정 | 금속 출력(L-PBF) 중 레이저 강도를 실시간 조절하여 균일한 용융층 유지 |
| | 사례) EOS 금속 프린터는 레이저 파워 조절로 내부 결함 감소 |
| 속도 및<br>온도 조절 | - FDM 및 SLA 프린터에서 출력 속도와 온도를 자동 조절<br>- 레이어 변형 및 재료 결함 최소화 |
| 실시간 알림<br>및 정지 기능 | - 심각한 문제 발생 시 자동으로 출력 중단<br>- 사용자에게 소프트웨어를 통해 경고 알림 제공 |

## 4-10. 3D프린터의 유지보수는 어떻게 이루어지는가?

3D프린터는 정밀한 작업을 수행하는 기계입니다. 안정적인 성능을 유지하고 출력 품질을 보장하기 위해 정기적인 유지보수와 관리가 필요합니다.

3D프린터의 유지보수는 프린터 유형, 사용 빈도, 재료 등에 따라 다릅니다. 이는 출력 품질 유지뿐 아니라 기기 수명을 연장하고 예상치 못한 문제를 방지하기 위한 핵심 과정입니다. 규칙적인 관리와 점검으로 안정적이고 효율적인 3D프린팅 작업을 지속할 수 있습니다.

### ◉ 3D프린터의 유지보수 절차

정기 유지보수는 품질 편차와 고장 리스크를 줄이고 장비 수명을 늘리기 위한 과정입니다. 출력부·플랫폼·재료·소모품·작업 환경을 체크리스트에 따라 주기적으로 점검·관리합니다.

표110. **출력 노즐 관리**

| 분류 | 내용 |
|------|------|
| **FDM 방식** | - 노즐 막힘 방지를 위해 정기적 청소 수행<br>- 재료 교체 시 잔여 필라멘트 완전 제거<br>- 마모된 노즐은 교체하여 출력 품질 유지 |
| **PolyJet 방식** | - 잉크젯 프린트 헤드 자동 또는 수동 청소로 막힘 방지<br>- 헤드 정렬 및 캘리브레이션으로 정밀도 유지 |
| **광학 부품**<br>SLA, SLS, DMLS 등 | - 렌즈 및 거울에 쌓인 먼지·오염물 제거로 광 경로 유지<br>- 출력 품질 확보를 위한 정기 관리 필수 |
| **SLS/DMLS** | - 레이저 광학 부품 및 분말 공급 노즐의 막힘 여부 정기 점검<br>- 안정적 분말 분사 및 레이저 조사 보장 |

## 표111. 빌드 플랫폼 유지보수

| 분류 | 내용 |
|------|------|
| **FDM 방식** | - 빌드 플랫폼의 수평 유지를 위해 정기적으로 레벨링 수행 |
| | - 플랫폼 표면에 남은 재료를 청소하고, 필요 시 표면 교체 또는 접착제 재도포 |
| **SLA/DLP 방식** | - 출력 후 레진 잔여물을 제거하고 탱크를 깨끗이 관리 |

## 표112. 분말 및 재료 관리

| 분류 | 내용 |
|------|------|
| **분말 관리**<br>SLS/DMLS | - 사용 후 남은 분말을 분리하여 재활용 가능 여부 확인<br>- 도포 블레이드 및 롤러를 정기적으로 청소하여 균일한 분말 도포 유지 |
| **재료 보관** | - 필라멘트, 레진, 분말 등은 습기와 온도에 민감하므로 밀폐 용기에 보관<br>- 제습제 사용 및 적정 온도 유지로 재료 성능 유지 |

**표113. 개별 부품 점검**

| FDM (Fused Deposition Modeling) | |
|---|---|
| 모터 및 벨트 | - X, Y, Z 축의 스텝퍼 모터 작동 상태를 정기적으로 확인<br>- 벨트 장력을 점검하고 필요 시 조정하여 진동 및 출력 품질 저하 방지 |
| 노즐 및 히팅 부품 | - 히터 블록과 열차단막(Heat Break)을 점검하여 재료 흐름 원활히 유지<br>- 열전달 이상 시 출력 품질 저하 및 노즐 막힘 발생 가능 |
| **SLA/DLP (Stereolithography/Digital Light Processing)** | |
| 광학 장치 | - UV 레이저 또는 DLP 프로젝터의 초점 상태를 점검하여 출력 정밀도를 유지<br>- 렌즈와 거울은 주기적으로 청소하여 오염으로 인한 품질 저하를 방지 |
| 레진 탱크 및 펌프 | - 탱크 표면에 스크래치나 경화된 잔여물이 없는지 확인하고, 필요 시 교체<br>- 레진 공급 펌프와 흐름 경로는 막힘 없이 유지되도록 점검 및 청소 |
| **SLS (Selective Laser Sintering)** | |
| 레이저 시스템 | - 레이저 출력 상태를 점검하여 일정한 에너지가 유지되도록 함<br>- 광학 장치에 쌓인 먼지나 분말을 제거하여 조사 품질 저하 방지 |
| 분말 도포 장치 | - 도포 블레이드 또는 롤러를 점검하여 분말이 균일하게 퍼지도록 유지<br>- 잔여 분말이 장치에 쌓이지 않도록 정기적으로 청소 수행 |
| 필터 및 배기 시스템 | - 내부 분말 먼지를 제거하는 필터를 주기적으로 교체<br>- 배기 시스템이 원활히 작동하는지 점검하여 내부 공기 흐름 유지 |
| **PolyJet** | |
| 프린트 헤드 | - 잉크젯 방식의 노즐 막힘을 방지하기 위해 헤드를 정기적으로 청소<br>- 잔여 재료를 제거하고, 노즐 정렬 및 캘리브레이션으로 정밀도 유지 |
| UV 경화 장치 | - UV 램프의 작동 상태를 점검하여 안정적인 경화 성능 확보<br>- 출력 품질 저하를 방지하기 위해 필요 시 램프를 교체 |

| DMLS/SLM (Direct Metal Laser Sintering/Selective Laser Melting) | |
|---|---|
| 레이저<br>시스템 | - 금속 분말을 용융하는 레이저의 초점 정확도와 출력 상태를 정기적으로 점검<br>- 광학 장치 및 보호 유리를 청소하여 오염으로 인한 출력 품질 저하 방지 |
| 분말 공급 및<br>도포 장치 | - 분말 공급 노즐의 막힘 여부를 확인하고, 도포 블레이드·롤러의 균일<br>  작동 점검 |
| 열 관리<br>시스템 | - 출력 중 발생하는 고온을 제어하기 위해 냉각 시스템(액체 또는 공기)의<br>  정상 작동 여부를 점검 |

### 표114. 소프트웨어 및 펌웨어 업데이트

| 분류 | 내용 |
|---|---|
| 프린터 펌웨어 | 프린터 펌웨어를 제조사 제공 최신 버전으로 업데이트하여 성능 개선 및<br>버그 수정 |
| 슬라이싱 및<br>제어 소프트웨어 | 슬라이싱 및 제어 소프트웨어도 정기적으로 업데이트하여 최신 기능 활용 |

### 표115. 환경 관리

| 분류 | 내용 |
|---|---|
| 온도와 습도 | 재료의 특성에 적합한 온도와 습도를 유지하여 출력 품질을 보장 |
| 청결 유지 | 프린터 주변을 청결히 유지하여 먼지와 이물질이 기기 내부로 유입되지<br>않도록 관리 |

산업용 3D프린터는 정밀한 장비이므로 유지보수가 매우 중요합니다. 일반적으로 전문 업체가 정기 점검과 함께 주요 부품의 상태를 진단하고 소모품을 적시에 교체하는 등, 체계적인 관리 서비스를 제공합니다. 장비를 안정적으로 운영하고 예기치 않은 문제를 예방하려면 신뢰할 수 있는 전문업체의 서비스를 받는 것이 필수적입니다.

## 4-11. 3D프린터의 수명 주기는?

3D프린터의 수명 주기는 여러 요인에 따라 달라지며, 이는 기기의 설계, 사용 빈도, 유지보수 상태, 기술 유형 및 작업 환경에 크게 좌우됩니다. 일반적으로 3D프린터의 수명 주기는 다음의 4가지 요소의 영향을 받습니다.

### ○ 프린터 유형

3D프린터의 유형과 유지보수에 따라 수명 주기가 다릅니다.

표116. 프린터 유형에 따른 수명

| 분류 | 내용 |
| --- | --- |
| 데스크톱 프린터 | 일반적으로 수명은 5~7년 수준 |
| 산업용 프린터 | 내구성이 높으며, 적절한 유지보수 시 10년 이상 장기 사용 가능 |

## ○ 사용 빈도

빈번한 사용은 부품 마모를 가속화하므로, 사용량에 따라 수명이 단축
될 수 있습니다.

## ○ 작업 환경

습도, 온도, 먼지 등 외부 환경이 적절히 관리되지 않으면 부품 손상이
발생하여 수명이 단축됩니다.

## ○ 유지보수 상태

정기적인 유지보수와 관리가 이루어지면 수명이 연장될 수 있으며, 기
계적 결함을 사전에 방지할 수 있습니다.

# 5. 단계별 3D프린팅 활용: 제품기획부터 시제품, 생산도구, 양산, 공급망 관리까지

# 5. 단계별 3D프린팅 활용: 제품기획부터 시제품, 생산도구, 양산, 공급망 관리까지

## 5-1. 제품기획 및 설계 단계에서의 3D프린팅 활용 사례는?

3D프린팅은 초기 제품 기획 단계에서 다양한 디자인을 실물로 빠르게 구현해볼 수 있어, 내부 검토나 소비자 피드백을 수월하게 받을 수 있습니다. 고해상도 출력이 가능한 풀컬러 프린터를 사용하면 실제 제품에 가까운 시각적, 촉각적 검토가 가능하므로, 색상, 소재, 조립성 등 다양한 요소를 실질적으로 평가할 수 있습니다. 이를 통해 설계 오류를 조기에 발견할 수 있습니다. 부서 간 협업도 활발해져 제품 완성도가 높아지고 개발 속도도 빨라집니다.

### 운동화 밑창 설계에 3D프린팅 기술 적용한 나이키(Nike)

나이키는 3D프린팅을 활용하여 신발 밑창 설계 과정을 혁신하고, 경량화와 효율화를 이룰 수 있었습니다.

특히 VaporFly Elite 러닝화의 경우, 밑창의 복잡한 패턴과 구조를 3D 프린팅으로 출력함으로써 접지력과 착용감을 빠르고 효율적으로 높일 수 있었습니다. 3D프린팅을 통한 반복적인 테스트 덕분에 제품의 성능도 크게 향상되었습니다.

이와 같이 VaporFly Elite는 3D프린팅이 스포츠용품 개발에 중요한 역할을 할 수 있음을 보여주었으며, 소비자들 사이에서도 큰 관심을 받고 있습니다.

## ○ General Electric(GE) - 항공기 엔진 부품 설계에 3D프린팅 적용

GE는 항공기 엔진 부품 설계에 3D프린팅 기술을 도입하여 혁신적인 변화를 일으켰습니다. LEAP 제트 엔진의 연료 노즐은 전통적으로 20개 이상의 개별 부품으로 구성되었으나, GE는 3D프린팅을 통해 이를 단일 부품으로 통합 제작했습니다. 이로 인해 경량화와 성능 향상이 가능했고 제작 기간도 크게 단축되었습니다.

이처럼 복잡한 구조를 한 번에 제작할 수 있게 되자 조립 과정에서 발생하는 결함이나 오차가 크게 줄었습니다. 더 가볍고 내구성이 뛰어난 부품을 설계할 수 있게 되어 엔진의 효율성도 크게 향상되었습니다.

이러한 GE의 사례는 항공 산업에 혁신적인 변화를 가져왔으며, 대중들 사이에서도 기술적 진보로 주목받고 있습니다.

## 5-2. 시제품 단계에서의 3D프린팅 활용 사례는?

시제품 단계에서 3D프린팅은 금형 제작 없이도 실제 제품과 유사한 외형과 기능을 갖춘 프로토타입을 빠르게 제작할 수 있게 해줍니다. 이는 디자인 반복 수정이 필요한 소비재뿐 아니라 기계적 강도가 중요한 산업용 부품에도 적용되며, 실제 사용 조건을 반영한 테스트가 가능해집니다. 소비자 테스트, 내부 검토, 마케팅 활용 등 다양한 목적에 맞춰 시제품을 제작함으로써 개발 비용을 절감하고 제품 출시까지의 시간을 단축할 수 있습니다.

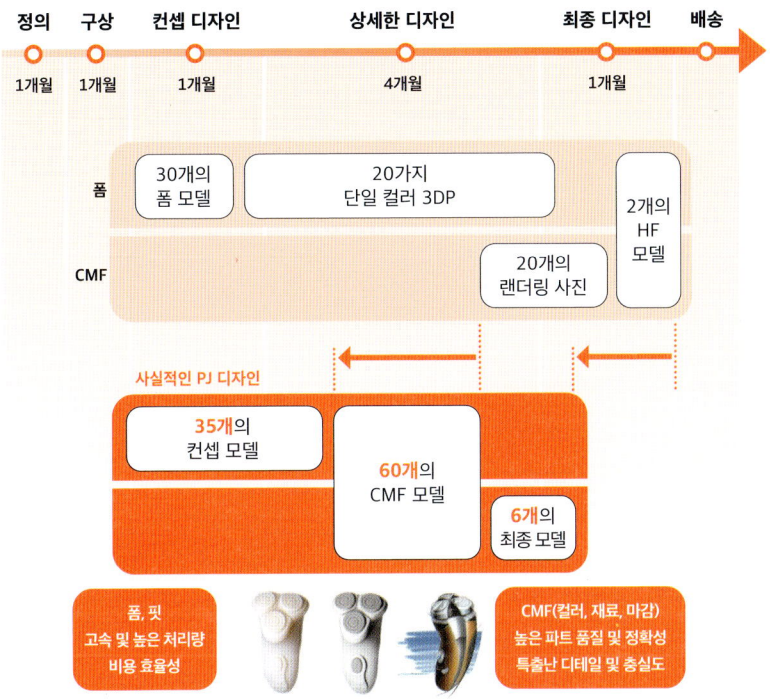

## 펩시(PepsiCo) : 음료 병 디자인 목업

펩시는 음료 병의 디자인을 검토하고 수정하기 위해 PolyJet 3D프린팅 기술을 사용했습니다. 덕분에 디자인팀과 마케팅 부서는 실물처럼 느껴지는 프로토타입을 직접 만져보면서 제품의 외형과 색상을 검토할 수 있었습니다. 이전보다 다양한 초기 콘셉트 목업을 더 많이 제작할 수 있게 되었으며, 팀 내부의 소통은 물론이고 다양한 팀들 간의 디자인 관련 소통도 원활해졌습니다.

특히 PolyJet 기술을 통해 실제 제품과 매우 유사한 텍스처와 컬러 표현이 가능했으며, 소비자 테스트를 위한 목업을 빠르게 제작할 수 있었습니다.

이와 같이 펩시는 3D프린팅을 통해 디자인 프로세스를 대폭 단축하였으며, 디자인 수정을 여러 번 반복할 수 있는 유연성을 확보했습니다. 이를 통해 소비자 피드백을 반영하여 최종 제품을 개선하였으며, 전통적인 금형 제작 방식보다 훨씬 저렴한 비용으로 목업을 제작할 수 있었습니다.

| PolyJet 기술로 제작된 패키징 시제품

## BMW : 자동차 부품 프로토타이핑

BMW는 자동차 부품의 프로토타이핑 과정에서 FDM 3D프린팅 기술을 적극적으로 활용했습니다. BMW는 3D프린터를 이용하여 실제로

164

사용될 부품과 동일한 재질과 강도를 가진 시제품을 제작하였는데, 특히 엔진 부품처럼 복잡한 부품을 3D프린터로 제작함으로써 성능 테스트 및 내구성 검증을 빠르게 수행할 수 있었습니다.

이와 같이 BMW는 3D프린팅 기술을 통해 부품 설계에서 프로토타입 제작까지 걸리는 시간을 크게 줄였습니다. 새로운 부품을 설계하고 테스트하는 과정이 줄어들자 신차 개발 주기가 단축되었습니다.

3D프린팅은 기존의 금형 제작 방식보다 저렴하고 빠르게 제품의 성능을 개선하게 해주었습니다. 이 사례는 3D프린팅이 대형 제조업체에서도 설계와 프로토타이핑을 혁신적으로 변화시킬 수 있음을 보여줍니다.

## 5-3. 생산도구로서의 3D프린팅 활용 사례는?

3D프린팅은 시제품 제작뿐 아니라 생산 현장에서 사용하는 다양한 생산도구 tooling 제작에도 매우 유용합니다. 대표적인 예로 지그 jig, 고정구 fixture, 몰드 mold, 패턴 pattern, 마스터 model 같은 도구들이 있습니다. 이들은 제품 조립, 품질 검사, 작업 보조 등에 광범위하게 사용됩니다.

기존에는 이러한 도구들을 금속 가공이나 CNC 방식으로 제작했습니다. 하지만 이 방식은 비용이 많이 들고 제작 기간이 길었으며, 설계가 조금만 변경되어도 다시 가공해야 하는 번거로움이 있었습니다. 반면 3D프린팅은 필요한 형태를 신속하게 출력할 수 있어 작업 효율을 높이고 설계 변경에도 유연하게 대응할 수 있습니다. 또한 가벼운 재료로 제작해 작업자의 부담을 줄이고, 인체공학적 설계를 적용해 현장 작업의 안전성과 정확성을 높이는 데도 기여합니다.

### ○ General Motors - 3D프린팅 기반 생산 툴링 자동화 사례

미국의 대표적인 자동차 제조사 GM <sup>General Motors</sup>은 자사 공장에서 산업용 FDM 3D프린터 <sup>F900</sup>를 40대 이상 운용하고 있습니다. 이를 통해 다양한 조립용 지그와 고정구를 출력합니다. 이러한 툴링은 기존 금속 가공 방식보다 최대 70% 이상 빠르게 제작할 수 있습니다. 또한 고강도 플라스틱 재료를 사용해 반복 작업에도 충분한 내구성을 확보했습니다.

그중 특히 주목할 만한 사례는 Chevy Bolt 전기차 생산을 위한 오버헤드 컨베이어 행거 <sup>riser</sup> 제작입니다. 기존 금속 툴링은 너무 무거워서 자동화 설비에 부담을 주었습니다. 또한 정기적으로 외부로 반출해 유지보수를 받아야 하는 번거로움도 있었습니다. GM은 이를 해결하기 위해 탄소섬유 충진 나일론 <sup>FDM® Nylon 12CF</sup> 소재를 활용해 3D프린팅으로 라이저를 직접 제작했습니다.

이 솔루션 덕분에 유지보수 주기와 비용이 크게 줄었습니다. 또한 예비 부품도 필요할 때 즉시 출력할 수 있어 생산라인의 유연성과 가동률이 향상되었습니다. 나아가 경량 소재 덕분에 현장 작업자의 근골격계 부담도 줄일 수 있었습니다.

| 오버헤드 컨베이어 시스템

## GKN Aerospace - 적층 제조 기반 생산 툴링 활용 사례

세계적인 항공우주 부품 공급업체 GKN Aerospace는 산업용 FDM 3D프린터 F900를 활용해 다양한 맞춤형 생산도구를 제작합니다. 특히 복잡한 형상의 보호 마스크나 고정구 등은 기존 금속 가공 방식보다 훨씬 빠르게 출력할 수 있습니다. 이는 작업자의 편의성과 생산 효율을 동시에 향상시켜 줍니다.

대표적인 사례는 금속 부품 가공에 사용되는 보호 마스크 툴링입니다. 해당 공정에서는 시중에 판매되지 않는 특수 형상의 마스크가 필요했습니다. GKN은 이를 적층 제조로 빠르게 자체 제작하여 생산 지연을 막았습니다. 또한 설계 자유도를 활용해 인체공학적으로 최적화된 툴링을 구현했습니다. 그 결과 일부 작업은 기존 2인에서 1인 작업으로 전환되는 등, 현장의 효율성이 개선되었습니다.

이 솔루션 덕분에 생산 라인 중단으로 인한 비용 손실을 크게 줄일 수 있었습니다. 또한 작업자의 부담을 줄이고 품질 안정성까지 확보했습니다. GKN은 적층 제조를 활용한 툴링 개발을 통해 미래 항공기 복합재 부품 생산까지 확대해 나가고 있습니다.

| 기존 제조 방식으로 불가능한 3D프린팅 고정구

## 5-4. 양산 단계에서의 3D프린팅 활용 사례는?

3D프린팅은 복잡한 형상의 부품을 별도의 금형 없이 직접 생산할 수 있어 초기 투자비용이 비교적 적고 소량 다품종 생산에 효과적입니다.

항공, 자동차, 의료 등 고성능이 요구되는 분야에서 경량화와 부품 통합 설계를 통해 성능을 높이는 데 활용되며, 최종 제품 생산에도 활용가능합니다.

필요한 수량만 생산하는 주문형 제조가 가능하므로 재고 부담이 줄어들고, 설계 변경 시에도 빠르게 반영할 수 있어 시장 대응력이 향상됩니다.

다음은 항공산업에서 선도적으로 3D프린팅 기술을 도입했던 보잉의 사례입니다.

### 보잉 (Boeing): 항공기 부품 생산

항공 산업에서 요구하는 부품은 강도와 내구성을 유지하면서도 가벼워야 합니다. 이를 위해 보잉은 고강도 재료들을 FDM 방식으로 3D프린팅하여 항공기 부품을 제작하고 있습니다.

표117. **FDM 방식으로 3D프린팅하는 보잉 항공기 부품**

| 분류 | 내용 |
|---|---|
| 사용된 3D프린터 | Stratasys Fortus 450mc |
| 사용된 기술 | FDM(Fused Deposition Modeling, 용융 적층 모델링) |

## 경량 항공기 부품 제작

보잉은 Fortus 450mc를 사용해 항공기 내부의 좌석 구조, 배선 덕트, 도어 패널과 같은 경량 부품을 제작합니다.

이 3D프린터는 높은 내열성과 기계적 강도를 갖춘 고성능 재료를 사용할 수 있습니다. 또한 FDM 기술이 적용되어 복잡한 형상을 가진 부품도 손쉽게 출력할 수 있습니다. 이를 통해 항공기가 요구하는 강도와 성능을 충족시키는 부품을 제작할 수 있습니다.

## 비용 효율적 제작

항공기 부품의 경우 소량이면서도 복잡한 형상을 요구하는 경우가 많습니다. 보잉은 항공기 내부 부품을 직접 출력하여 금형 제작 비용을 크게 절감하였습니다.

특히 복잡한 내부 구조를 가진 부품을 하나로 통합하여 제작할 수 있기 때문에, 조립 부품의 개수가 줄어들고 제조 공정이 단순해집니다.

## 3D프린팅 도입 효과

### 연료 절감

경량화된 부품을 사용하여 항공기 전체의 무게가 줄어들면 연료 효율이 높아지고 탄소 배출량이 줄어듭니다. 보잉은 3D프린터를 이용한 부품 경량화를 통해 매년 수백만 달러의 비용을 절감하고 있습니다.

### 신속한 프로토타입 제작

새로운 항공기를 설계하기 위해서는 수많은 부품을 테스트하고 수정해야 합니다. 이 과정에 3D프린팅을 활용하면 금형 제작 없이 신속하게 프로토타입을 만들고 개선할 수 있습니다. 이를 통해 개발 주기가 단축되고 쉽고 빠르게 설계를 변경할 수 있습니다.

이와 같이 보잉은 가볍고 내구성이 높은 재질을 사용해 연료 소비를 줄이고 항공기 내구성을 향상시켰습니다. 비행기 좌석 등도 3D프린팅으로 제작함으로써 금형 제작 시간을 줄이고, 항공기 조립 시간을 대폭 단축했습니다.

## 5-5. 유지보수 및 AS 단계의 3D프린팅 활용 사례는?

3D프린팅은 필요한 부품을 현장에서 즉시 제작할 수 있어, 유지보수 과정에서의 부품 수급 지연 문제를 해결합니다. 예비 부품을 대량으로 보관할 필요 없이, 디지털 파일만으로 주문형 생산이 가능하므로 재고 비용이 절감됩니다.

또한 장비 정비나 수리에 필요한 맞춤형 도구나 지그 등을 빠르게 제작할 수 있습니다. 이를 통해 전체 정비 효율이 향상되고, 공급망 중단 같은 리스크에도 유연하게 대응할 수 있습니다.

### ⊙ 네덜란드 왕립 해군(Royal Dutch Navy)

네덜란드 해군은 선박 유지보수에 3D프린팅을 도입하여 부품 제작 및 교체 시간을 크게 단축했습니다. 고장이 발생하면 도크로 돌아가 며칠에서 몇 주 동안 수리하는 대신, 3D프린터로 즉시 부품을 제작하여 항해를 중단할 필요가 없어졌습니다. 예를 들어 프로펠러나 소형 기계 부품이 고장 났을 때 CAD 파일을 3D프린터에 입력하면 몇 시간 내에 새 부품을 출력할 수 있습니다.

이를 통해 비용이 절감되고 항해 지연이 사라졌으며, 다른 국가의 해군과 해양 기업들도 이 사례에 큰 관심을 보였습니다. 3D프린팅은 긴급 수리나 정기 유지보수 시 시간과 비용을 크게 절감하는 효과가 입증되었습니다.

## 독일의 다임러 트럭(Daimler Truck)

다임러 트럭은 100,000개 이상의 예비 버스 부품을 3D프린팅으로 제작하고, 2,500개 이상의 부품을 디지털화했습니다. 이 회사는 Digital Parts Warehouse를 구축하여 3D모델을 효율적으로 관리하고 검색할 수 있게 했습니다. 이를 통해 물류와 조달을 최적화하고, 필요할 때마다 중요한 부품을 신속하게 생산할 수 있어 보관 비용과 운송 거리를 크게 줄였습니다.

이와 같이 주문형 부품 생산은 공급망 중단을 방지하고 기존 공급망에 대한 의존도를 낮추는 데 기여합니다.

또한 3D프린팅과 같은 적층 생산 AM 기술은 디지털 트윈, 가상 창고, 디지털 권리 관리 등과 통합되어 수요에 더 빠르고 유연하게 대응할 수 있게 해주며, 그 결과 보관 비용과 운송 거리도 줄여주고 있습니다.


## 5-6. 단종 및 노후 부품의 복원 사례는?

단종되었거나 오래되어 금형이 사라진 부품을 디지털화한 후 3D프린팅으로 재생산함으로써, 기존 방식으로는 복원이 어려운 부품도 손쉽게 복구할 수 있습니다. 이는 군수 부품, 산업 기계, 클래식카,

유물 등 다양한 분야에 적용되며, 리버스 엔지니어링과 결합하면 형태와 기능을 모두 재현할 수 있습니다. 부품 설계를 최적화하거나 내구성을 개선할 수도 있어, 단순 복원 그 이상으로 부가가치를 창출하는 방식으로 발전하고 있습니다.

## 대한민국 해군

해군 제2함대는 3D프린팅 기술을 활용한 융합형 통풍팬을 개발하여 통풍팬의 잦은 파손과 단종 문제를 해결했습니다. 이 팬은 날개 부위만 3D프린터로 제작하여 교체할 수 있도록 설계되어, 정비 시간 단축과 비용 절감을 실현했습니다.

Fortus 450mc 3D프린터를 사용해 제작 비용을 최대 93% 절감했으며, 연간 약 30억 원의 예산 절감 효과가 기대됩니다. 모든 함정에 호환 가능한 규격으로 제작되어 유지보수가 용이하며, 소형함 시범 운용을 시작으로 중·대형함으로 적용 범위를 확대하고, 민간 기술 이전을 통해 3D프린팅 기술의 발전과 상용화를 추진할 계획입니다.

이처럼 3D프린팅은 복잡한 함정 부품 제작에 효과적인 솔루션으로 해군의 유지보수 효율성을 크게 향상시킬 전망입니다.

## 3D프린팅으로 첨단무기를 제작하다

국방 분야에서는 무기체계의 수명 연장을 위한 창정비 과정에서 단종 부품 확보가 중요한 과제로 떠오르고 있습니다. 특히 소량 생산이 필요한 부품은 조달이 어렵고 비용도 높아 장비 가동률 저하로 이어질 수 있습니다.

이에 국방부는 리버스 엔지니어링과 3D프린팅 기술을 도입하고 있으며, 실제로 2012년 공군은 KF-16, F-15K 전투기 엔진 부품을 금속 3D프린팅으로 제작해 연간 7억 원의 예산 절감과 조달 기간 단축을 이뤘습니다. 3D프린팅은 현장에서 즉시 부품을 제작해 전력 유지에 기여하고, 깁스 등 특수 의료 장비 제작에도 활용되며 활용 범위가 점차 확대되고 있습니다.

### 3D프린팅으로 올드카를 복원하는 현대자동차그룹

한국에서 올드카와 클래식카 문화가 성장함에 따라, 현대차 그룹은 단종된 국산 올드카를 복원하는 H-리스토어와 헤리티지 라이브 행사를 운영했습니다. 현대파텍스를 통해 일부 단종 차량의 외장 부품을 제공하지만, 파워트레인 부품이나 내장재, 금형이 사라진 부품 제공은 어려운 상황입니다.

이에 리버스 엔지니어링과 3D프린팅 기술이 대안으로 떠오르고 있습니다. 3D프린팅은 금형 없이 디지털 도면으로 부품을 제작할 수 있어 비용 절감과 복잡한 구조의 부품 제작에 유리합니다. 예를 들어, 징거 C21은 3D프린팅으로 내구성이 높은 부품을 구현했습니다.

리버스 엔지니어링과 3D프린팅을 결합하면 금형이 없는 차량 부품 재생산이 가능해지므로, 구舊 대우자동차나 쌍용자동차 같은 국산 올드카 복원이 더욱 용이해질 전망입니다.

### 3D프린팅으로 도자기를 복원한 서울대학교

서울대 안성모 교수팀은 폴리젯 3D프린팅 기술을 이용해 깨진 도자기 유물을 현대 예술 작품으로 재탄생시켰습니다. 청주공예비엔날레에서 공개된 이 작품은 스트라타시스 PolyJet 3D프린터로 고해상도와 다양한 소재 표현을 통해 원형을 보존하면서 현대적 미감을 더했습니다. 교수팀은 깨진 도자기 조각을 디지털화하고 현대적 색상과 질감을 입힌 후, UV 매핑을 통해 원본과 일치하는 부품을 출력했습니다. PolyJet 기술 덕분에 복잡한 형태를 정밀하게 복원하고 작업 속도를 높일 수 있었습니다.

이 프로젝트는 유물 복원을 넘어 '자가 치유' 개념을 도입한 예술적 표현을 선보였으며, 학생들에게 첨단 디지털 복원 기술을 경험할 기회를 제공해 교육적 가치도 높였습니다. 안 교수는 PolyJet 기술이 디자인 교육의 혁신을 이끌 것으로 전망했습니다.

앞으로도 3D프린팅은 문화유산 보존과 현대 예술 분야에 새로운 가능성을 제시하며 발전할 것으로 기대됩니다.

| 3D프린팅을 활용해 도자기의 형태를 창의적으로 복원한 사례

## 5-7. 3D프린팅을 통한 생산 효율성 증대 방안은?

　　3D프린팅 기술은 재고 관리와 유지보수 분야에서 다양한 방식으로 효율성과 비용 절감을 실현할 수 있는 강력한 도구입니다.

### ● 3D프린팅 기술을 통한 다양한 생산 효율성 증대 예시

3D프린팅은 필요할 때 빠르게 생산·수정할 수 있어 리드타임을 줄이고, 운영 과정에서 발생하는 대기·이송·불필요한 작업을 최소화하여 생산 효율을 높입니다.

표118. 재고 감소 및 비용 절감

| 분류 | 내용 |
|---|---|
| 온디맨드 생산<br>On-Demand<br>Production | - 필요한 시점에 필요한 수량만 생산하여 불필요한 재고 유지 비용 절감 |
| 재고 공간 절약 | - 부품을 필요 수량만 출력 가능하므로 대량 재고 보관 없이 공간 효율 확보 |

표119. 스페어 파트 (Spare Parts) 가용성 향상

| 분류 | 내용 |
|---|---|
| 희귀 부품의 생산 | - 단종되거나 오래된 부품도 디지털 파일만 있으면 신속 제작 가능<br>- 공급 지연 및 수급 문제 해결에 효과적 |
| 즉각적인 부품 공급 | - 현장에서 직접 출력 가능하여 유지보수 지연 최소화<br>- 긴급 수리에 빠르게 대응 가능 |

## 표120. 맞춤형 및 복잡한 부품 생산

| 분류 | 내용 |
|---|---|
| 고도의 맞춤화 | - 특정 장비나 환경에 최적화된 맞춤형 부품 제작 가능<br>- 유지보수 및 특수 요구 사항 대응에 효과적 |
| 복잡한 설계 구현 | - 기존 제조 방식으로 어려운 복잡한 구조도 손쉽게 제작 가능<br>- 형상 자유도가 높아 설계 제약이 적음 |

## 표121. 유지보수 효율성 향상

| 분류 | 내용 |
|---|---|
| 빠른 프로토타이핑<br>및 테스트 | - 유지보수용 부품이나 도구를 신속 제작하여 즉시 테스트 가능<br>- 문제 해결 시간 단축 및 다운타임 최소화 |
| 예방 정비 지원 | - 예방 정비용 부품을 미리 출력해 사전 준비 가능<br>- 장비 가동 시간 극대화 및 유지보수 효율 향상 |

## 표122. 공급망 단순화 및 리스크 관리

| 분류 | 내용 |
|---|---|
| 현장 생산 | - 3D프린터를 현장에 배치하여 필요한 부품을 직접 생산 가능<br>- 글로벌 공급망의 불확실성에 따른 리스크 감소 |
| 재고 부족<br>문제 해결 | - 갑작스러운 수요 증가나 공급망 장애 발생 시 신속 대응 가능<br>- 생산 지연 없이 필요한 부품을 즉시 확보 |

## 표123. 환경적 이점

| 분류 | 내용 |
|---|---|
| 재료 절약 | - 필요한 부품만 정밀하게 제작하여 불필요한 재료 낭비 최소화 |
| 탄소 배출 감소 | - 현장 생산을 통해 물류 이동을 줄이고 운송 과정에서 발생하는<br>탄소 배출 절감 |

표124. 혁신적인 유지보수 전략 지원

| 분류 | 내용 |
|---|---|
| 디지털 재고 관리 | - 3D프린팅용 디지털 파일을 기반으로 부품 라이브러리 구축 가능<br>- 재고 관리 시스템과 연계하여 효율적인 부품 관리 실현 |
| 디자인 최적화 | - 유지보수용 부품의 설계를 지속 개선 및 최적화 가능<br>- 성능과 내구성이 향상된 부품 제공 가능 |

3D프린팅은 별도의 금형 없이도 필요할 때마다 부품을 즉시 제작할 수 있는 유연한 생산 방식을 제공합니다. 이는 생산망 및 공급망 관리를 보다 효율적으로 만들어 주며, 과도한 재고로 인한 창고 비용을 줄이고 부족한 재고로 인한 생산 중단 리스크도 완화할 수 있습니다. 모든 부품을 디지털 파일로 준비해두는 방식은 디지털 부품 라이브러리 개념으로 볼 수 있으며, 필요 시 언제든 신속하게 대응할 수 있는 기반이 됩니다.

또한 부품의 디자인이 변경되어도 금형을 새로 제작할 필요 없이 즉시 반영할 수 있습니다. 그 결과 생산 공정의 유연성이 크게 향상되며, 비용 절감과 환경 보호 효과까지 기대할 수 있습니다.

## 5-8. 3D프린팅이 공급망에 미치는 영향과 대처 방안은?

3D프린팅 기술은 소량 생산, 주문형 제조, 현지 생산, 그리고 부품 표준화를 통해 공급망의 재고 관리와 물류 비용 절감, 납기 단축, 공급망 리스크 감소를 가능하게 하여 공급망의 전반적인 효율성을 극

대화합니다. 이를 통해 고객의 다양한 요구에 신속히 대응하고, 시장 변화에 유연하게 적응할 수 있습니다.

### 공급망에 미치는 영향

#### ◦ 재고 및 물류 비용 절감

3D프린팅을 활용한 주문형 제조는 필요한 부품을 필요 시점에 맞춰 생산함으로써 물리적 재고를 최소화합니다. 이를 통해 보관 및 유지에 필요한 비용을 줄일 수 있습니다.

현지 생산이 가능해지면 장거리 운송이 불필요해지고, 그 결과 물류 비용이 절감됩니다. 또한 운송 중 발생할 수 있는 손상이나 지연 위험 도 줄어들어 공급망 운영의 안정성이 높아집니다.

#### ◦ 공급망 및 재고 리스크 감소

소량 생산과 부품 표준화 덕분에 특정 부품의 수급이 어려운 상황에 서도 다른 대체 부품이나 설계를 빠르게 적용할 수 있습니다. 이를 통 해 예기치 않은 재고 부족 문제를 예방하고, 글로벌 공급망에 의존하 지 않고도 현지에서 즉시 부품을 생산하여 공급망 중단 위험을 줄일 수 있습니다. 특히, 긴급한 상황에서도 현지에서 필요한 부품을 바로 제작할 수 있어 공급망의 연속성을 보장합니다.

#### ◦ 납기 단축 및 고객 맞춤형 대응력 강화

현지 생산을 통해 고객과 가까운 곳에서 필요한 부품을 바로 생산해 납품할 수 있으므로 납기가 단축되고, 맞춤형 생산이 가능해져 고객 만족도를 높일 수 있습니다. 또한 시장의 수요 변화에 신속히 대응할 수 있어, 신제품 출시 속도가 빨라지고 트렌드 변화에도 유연하게 대처할 수 있습니다.

## 공급망 변화에 대처하는 방법은?

### ◎ 분산형 제조 네트워크 구축

주요 지역에 3D프린팅 제조 거점을 구축하여 현지 수요에 즉시 대응할 수 있는 분산형 제조 네트워크를 운영합니다. 이를 통해 특정 지역에 문제가 생겨도 다른 지역에서 생산을 분담할 수 있어, 중앙 집중형 공급망의 리스크를 분산할 수 있습니다.

### ◎ 디지털 재고 및 주문형 생산 체계 운영

제품과 부품의 설계 파일을 디지털로 관리하여 필요할 때 각 지역에서 즉시 출력할 수 있도록 체계를 구축합니다. 이로써 물리적 재고 부담이 줄어들고, 지역별 고객의 수요에 맞춘 맞춤형 생산이 가능해져 고객 주문에 신속히 대응할 수 있습니다.

### ◎ 수요 예측 및 표준화된 부품 설계 적용

고객 수요를 예측하여 필요한 시점에 맞춘 소량 생산 체계를 운영하고, 주요 부품을 표준화하여 다양한 제품에 공통으로 사용할 수 있도록 합니다. 이를 통해 부품 변동에 따른 재고 부담을 줄이고, 예기치 않은 공급망 문제에도 유연하게 대응할 수 있습니다.

### ◎ 대체 부품 설계 준비 및 현지 생산 역량 강화

주요 부품의 대체 설계를 사전에 준비하여 특정 부품이 부족한 상황에서도 빠르게 대체 부품을 사용할 수 있는 체계를 마련합니다. 또한 각 지역의 3D프린팅 시설을 통해 현지 수요에 맞춘 부품을 즉시 생산하고 공급할 수 있도록 역량을 강화하여 공급망의 탄력성을 높입니다.

## 5-9. 글로벌 3D프린팅 네트워크와 분산 생산 전략은?

글로벌 3D프린팅 네트워크를 활용한 분산 생산 전략은 제품이나 부품의 설계 파일을 디지털로 관리하고, 이를 글로벌 네트워크에 연결된 현지 제조 거점에서 출력하여 생산·공급하는 방식입니다. 이 전략은 기존의 중앙 집중형 제조 시스템 대비 유연성, 생산 효율성, 비용 절감 등에서 강력한 이점을 제공합니다.

글로벌 3D프린팅 네트워크를 활용한 분산 생산의 특징은 다음과 같습니다.

### ◉ 디지털 설계 파일 기반 생산

제품 설계와 제조 데이터를 디지털 파일 형태로 관리합니다. 이를 통해 물리적인 부품 이동 없이 파일을 전송하여 현지에서 생산할 수 있습니다. 이 방식은 물류비용과 시간을 줄이고, 글로벌 생산 네트워크의 유연성을 극대화해 줍니다.

### ◉ 현지 생산을 통한 신속한 대응

각 지역의 3D프린팅 거점에서 현지 수요를 충족할 수 있는 제품을 즉시 생산함으로써, 납기를 단축하고 고객 만족도를 높입니다.

지역별 수요 변동에 따라 생산량을 조정하거나, 특정 지역의 수요 급증 시 다른 거점이 지원할 수 있는 협력 체계를 운영합니다.

## 소량 생산 및 맞춤형 생산에 최적화

3D프린팅은 다품종 소량 생산에 적합한 기술로, 각 지역에서 필요한 만큼만 생산하여 재고 부담을 최소화할 수 있습니다.

고객 맞춤형 요구사항을 반영하여 설계 및 생산할 수 있어, 고도로 개인화된 제품 제공이 가능합니다.

## 공급망 리스크 분산

글로벌 공급망 중단(천재지변, 물류 이슈 등)에 대비해 분산형 네트워크를 운영함으로써, 한 지역의 제조 문제가 다른 지역의 생산으로 대체될 수 있도록 합니다.

# 미국의 제조업 부흥 전략, AM Forward 프로그램

2022년 미국 바이든 행정부가 발표한 AM Forward는 미국 내 중소 제조업체에 3D 프린팅(적층 제조, AM) 기술을 확산시키기 위한 민관 협력 프로그램입니다. 이 정책의 핵심 목표는 중국 등 특정 국가에 대한 부품 의존도를 낮추고, 글로벌 공급망의 불확실성에 대비하여 미국 내 제조 역량과 공급망 자립도를 강화하는 데 있습니다.

이 프로그램은 대기업, 중소기업, 정부의 유기적인 협력을 바탕으로 운영됩니다. 먼저 GE, 록히드마틴, 하니웰 같은 주요 대기업들은 중소 협력업체로부터 3D프린팅 부품을 구매하겠다고 약속하여 안정적인 판로를 제공합니다.

또한 이들은 중소기업 직원 교육, 기술 표준화 지원, 기존 주조·단조 부품을 대체할 기술 공동 개발 등 다방면으로 협력합니다. 여기에 미국 정부는 중소기업이 3D프린팅 설비를 쉽게 도입할 수 있도록 저금리 대출 같은 금융 지원책을 제공하여 기술 도입의 장벽을 낮춥니다.

AM Forward가 3D프린팅 기술을 주목하는 이유는 명확합니다. 디지털 설계를 기반으로 부품을 즉시 생산할 수 있고, 재고 부담을 줄이며, 공급망 유연성을 크게 향상시킬 수 있기 때문입니다. 소량 맞춤형 생산에도 경제성이 높아 국내 생산 경쟁력을 높이고, 항공우주 및 국방 등 첨단 부품 생산에도 효과적으로 기여합니다.

결론적으로 AM Forward는 3D프린팅 기술의 전략적 중요성을 인식하고, 이를 미국 제조업의 부흥과 공급망 회복력을 위한 핵심 도구로 삼는 정책입니다. 이는 최근 강화되는 금속 3D프린터 수출 통제와도 맥을 같이하며, 미국 내 제조 생태계의 기술 자립과 안정성 확보를 최종 목표로 하고 있습니다.

## 5-10. 글로벌 3D프린팅 분산 생산을 위한 디지털 제조 플랫폼

### ◎ 디지털 제조 플랫폼 구축

디지털 제조 플랫폼은 설계 파일을 중앙에서 관리하고, 네트워크에 연결된 각 제조 거점에서 출력할 수 있도록 지원합니다.

#### 디지털 제조 플랫폼 구축 - 구체적 실행 방법

· 클라우드 기반 설계파일 관리 및 배포 시스템 구축
· 네트워크 거점 간 실시간 데이터 동기화로 설계 변경 즉시 반영
· 설계 파일 유출 방지를 위한 보안 강화 조치 수행

### ◎ 지역별 3D프린팅 거점 설치

주요 시장과 물류 허브에 제조 거점을 설치하여, 물리적 제품 이동 없이 현지에서 생산할 수 있는 체계를 마련합니다.

#### 지역별 3D프린팅 거점 설치 - 구체적 실행 방법

· 지역별 시장 수요 및 물류 접근성 분석을 통해 최적의 제조 거점 선정
· 고성능 3D프린터 및 후처리 장비를 현장에 배치
· 현지 제조 인프라에 맞춘 교육 프로그램 및 운영 지원 제공

### ◎ 분산형 생산 관리 시스템

각 거점의 생산 현황을 실시간으로 모니터링하고, 중앙에서 생산 계획을 조정할 수 있는 시스템을 운영합니다.

#### 분산형 생산 관리 시스템 - 구체적 실행 방법

· 생산 현황을 실시간 모니터링할 수 있는 대시보드 개발

· 지역 간 생산 불균형 발생 시, 타 거점에서 지원 가능한 생산 스케줄 조정 기능 구현

· 중앙 시스템을 통해 전체 생산 데이터를 분석하고 자원 배분 최적화

## 지역 수요 맞춤형 설계 및 생산

지역별 고객 요구에 맞춘 제품 설계와 생산이 가능하도록 네트워크를 최적화합니다.

### 지역 수요 맞춤형 설계 및 생산 - 구체적 실행 방법

· 고객 맞춤형 설계 파일을 신속히 생성할 수 있는 자동화 설계 도구를 배치함

· 지역별 선호나 규제에 맞춰 재료, 색상, 설계를 조정할 수 있는 체계를 마련함

· 현지 시장 트렌드를 분석하여 지역 특화 제품을 개발함

## 글로벌 협업 체계 구축

네트워크에 연결된 각 제조 거점이 협력해, 특정 지역의 수요 급증이나 생산 이슈 발생 시 다른 거점에서 생산 지원이 가능하도록 만듭니다.

### 글로벌 협업 체계 구축 - 구체적 실행 방법

· 고객 맞춤형 설계를 빠르게 생성할 수 있는 자동화 설계 도구 도입

· 지역별 선호 및 규제에 따라 재료, 색상, 설계를 유연하게 조정할 수 있는 체계 구축

· 현지 시장 트렌드를 분석하여 지역 특화 제품 개발 및 공급

# 글로벌 3D프린팅
# 분산 생산 전략과 GMN

이와 같은 글로벌 3D프린팅 분산 생산 전략은 Stratasys에서 운영하는 GMN(Global Manufacturing Network)을 통해 현실화되고 있습니다. GMN은 전 세계에 분산된 제조 거점과 디지털 플랫폼을 연계하여, 주문형(On-Demand) 생산과 신속한 품질 관리를 가능하게 합니다. 이를 통해 납기 단축, 비용 절감, 공급망 리스크 분산 등 강력한 경쟁 우위를 제공합니다.

국내에서는 ㈜프로토텍이 2018년 GMN 멤버로 협약을 맺고, 국내 산업계에 첨단 3D프린팅 생산과 기술 지원을 제공하고 있습니다. 프로토텍은 국내 고객 맞춤형 제조 서비스를 수행하며, 글로벌 네트워크와 현지 역량의 시너지를 통해 한국 제조업의 디지털 전환과 생산 효율성 향상에 기여하고 있습니다.

## Global Manufacturing Network

# 6. 산업별 3D프린팅 활용 매뉴얼: 성공 사례와 교훈

# 6. 산업별 3D프린팅 활용 매뉴얼:
## 성공 사례와 교훈

### 6-1. 3D프린팅은 어떤 산업 분야에서 가장 많이 사용되나?

3D프린팅 기술은 다양한 산업 분야에서 활용되고 있습니다. 그 중에서도 특히 자동차, 소비재, 전자제품, 항공, 교육, 의료 등에서 두드러진 성장을 보여주고 있습니다.

유명한 3D프린팅 전문 분석 보고서인 <Wohlers Report>에 따르면 3D프린팅이 가장 많이 사용되는 분야는 자동차 산업입니다. 전체 활용 비율 중 약 15% 이상이 자동차 제조에 집중되어 있습니다. 3D프린팅 기술이 자동차 디자인의 자유도를 높여주고, 복잡한 부품을 저비용 고효율로 제작할 수 있게 해주기 때문입니다.

그 뒤로는 소비재와 전자제품 분야가 14.5%로 2위를 차지하고 있습니다. 이 분야에서는 프로토타입 제작과 맞춤형 제품 생산에 3D프린팅이 활발하게 활용되고 있습니다. 항공 산업은 13.9%로 3위를 차지하며, 특히 경량화된 부품의 생산과 복잡한 설계 구현이 가능한 장점 덕분에 점점 더 많은 주목을 받고 있습니다.

교육 분야에서도 3D프린팅이 적극적으로 도입되고 있으며, 학습 도구 및 교육용 모델을 제작하는 데 사용됩니다. 의료와 치과 분야 역시 개인 맞춤형 솔루션과 신속한 프로토타입 제작을 위해 3D프린팅을 도입하여 성장하고 있습니다.

이처럼 3D프린팅은 주요 제조 산업과 교육, 의료 분야에서 폭넓게 활용되며, 특히 자동차, 소비재, 항공 분야에서의 활용도가 두드러집니다. 각 산업군에서 활용되는 어플리케이션을 간략하게 살펴보겠습니다.

표125. **자동차 산업**

| 분류 | 내용 |
|------|------|
| 부품 제작 | - 엔진 부품, 기계 구성 요소 등 복잡한 형상의 부품을 경제적이고 효율적으로 생산 |
| 프로토타입 제작 | - 설계 검증 및 성능 테스트를 위한 시제품 제작<br>- 조립성, 내구성, 구조 안정성 등을 사전에 확인 가능 |
| 커스터마이징 | - 맞춤형 부품 및 액세서리 제작을 통해 소비자 맞춤 솔루션 제공 |

표126. **소비재 및 전자제품**

| 분류 | 내용 |
|------|------|
| 프로토타입 제작 | - 디자인 평가 및 소비자 반응 확인을 위한 외관 중심 시제품 제작<br>- 제품 기획 초기 단계에서 활용되어 개발 방향 설정에 기여 |
| 소형 부품 생산 | - 전자기기 내부에 사용되는 정밀 소형 부품을 빠르고 효율적으로 제작<br>- 소량 다품종 생산에 적합 |
| 맞춤형 제품 | - 사용자 요구에 따라 개인화된 제품 제공<br>- 예시: 맞춤형 케이스, 액세서리 등 소비자 특화 솔루션 제작 가능 |

| 분류 | 내용 |
|------|------|
| 경량화 부품 | - 항공기의 연료 효율 향상을 위해 무게를 줄인 부품 제작 |
| 복잡한 설계 구현 | - 기존 방식으로 제작이 어려운 복잡한 구조를 구현하여 성능과 효율성 극대화 |
| 스페어 파트 | - 필요한 부품을 신속하게 생산하여 유지보수 소요 시간 단축 |

| 분류 | 내용 |
|------|------|
| 학습 도구 | - 실습용 모델 및 교육용 장비 제작을 통해 학생들의 이해도와 체험 중심 학습 강화 |
| 3D모델링 학습 | - 학생들에게 3D모델링 및 프린팅 기술을 교육하고 실습 기회를 제공 |

| 분류 | 내용 |
|------|------|
| 맞춤형 의료 기기 | - 환자의 신체 조건에 맞춘 의수, 의족, 치과 보철물 등 개인 맞춤형 의료 솔루션 제공 |
| 의료 시뮬레이션 | - 수술 계획 및 시뮬레이션을 위한 인체 구조 기반 3D모델 제작<br>- 실제 장기 형상을 모사하여 의료 교육 및 수술 연습에 활용 |
| 프로토타입 제작 | - 의료기기 및 수술 도구의 시제품을 신속하게 제작<br>- 개발 시간 단축 및 반복 테스트 가능 |

이처럼 3D프린팅은 각 산업에서 효율적인 생산, 비용 절감, 혁신적인 디자인 구현을 가능하게 해주기 때문에 활용도가 지속적으로 확장되고 있습니다.

## 6-2. 자동차 산업에서의 3D프린팅 기술 적용 사례는?

　　자동차 산업에서 3D프린팅 기술은 경량화 부품 제작, 시제품 제작, 맞춤형 부품 생산, 소량 생산 파트 제작 등 다양한 방식으로 활용되고 있습니다.

### ◉ 경량화 부품 제작

자동차 산업에서는 연비 개선과 성능 향상을 위한 경량화가 중요한 과제입니다. 금속재료나 복합재료를 3D프린팅으로 가공하면 구조적 강도를 유지하면서도 가벼운 부품을 제작할 수 있습니다. 이는 자동차 부품 경량화에 큰 도움이 됩니다.

표130. **경량화 부품 제작 사례**

| BMW | |
|---|---|
| 사례 | BMW는 자동차 프레임, 브래킷 등 부품을 3D프린팅으로 제작<br>→ 기존 방식 대비 경량화된 부품 구현에 성공하여 차량 성능 및 연비 개선에 기여 |

| 가볍고 강도 높은 구조로 최적화된 3D프린팅 자동차 부품

## ○ 프로토타이핑 (시제품 제작)

새로운 차량 모델을 개발할 때, 설계 검토와 테스트를 위해 시제품을 제작해야 합니다. 이때 3D프린팅을 사용하면 짧은 시간 안에 다양한 디자인의 시제품을 반복적으로 제작할 수 있습니다. 이를 통해 개발 기간을 단축하고, 설계 오류를 빠르게 수정할 수 있어 비용 절감에도 기여합니다.

표131. **프로토타이핑 (시제품 제작) 사례**

| FORD | |
| --- | --- |
| 사례 | 포드(FORD)는 3D프린팅 기술을 활용해 차량 부품과 어셈블리의 실물 크기 시제품을 신속하게 제작<br>→ 다양한 디자인을 반복적으로 검증·수정할 수 있어 개발 기간을 단축하고 설계 오류를 조기에 수정, 비용 절감과 품질 향상을 동시에 실현 |

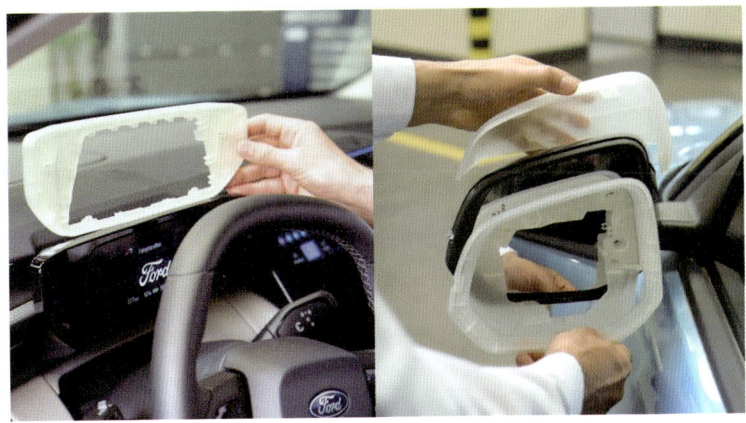

| 내외부장재 디자인 검토를 위한 시제품

## ◦ 맞춤형 부품 제작

고성능 차량이나 희귀 모델의 경우, 표준화된 부품이 아닌 맞춤형 부품이 필요할 때가 많습니다. 3D프린팅을 활용하면 이러한 맞춤형 부품을 수요에 맞춰 소량으로 생산할 수 있어 고객 요구를 효과적으로 충족시킬 수 있습니다.

**표132. 맞춤형 부품 제작 사례**

| PEUGEOT |
| --- |
| **사례** 푸조(PEUGEOT)는 인셉션 콘셉트카 인테리어에 '다이렉트 투 텍스타일' 3D프린팅을 적용해 벨벳에 맞춤형 디자인과 기능을 구현<br>→ 금형 없이도 빠른 수정·재인쇄가 가능해 개별 콘셉트와 디자인 요구에 최적화된 고유 제품을 제공, 차별화된 고객 경험을 실현 |

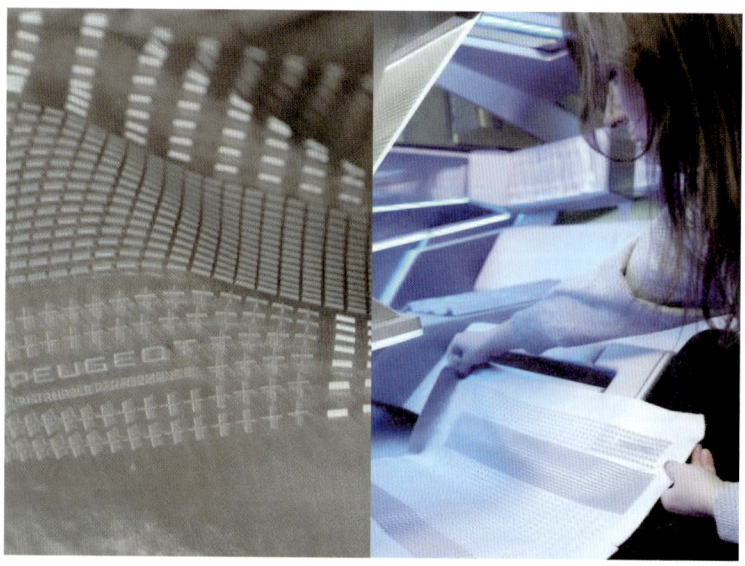

| 벨벳 위 3D프린팅 기술로 구현된 맞춤형 내부 인테리어

## 소량 생산 파트 제작

자동차 제조사는 단종된 모델이나 희귀 차량의 부품을 소량 생산해야 할 때가 있습니다. 기존 제조 방식으로는 비용이 많이 들지만, 3D프린팅을 사용하면 이러한 소량 부품을 경제적으로 생산할 수 있습니다. 특히 클래식 카 복원이나 수리 부품 제작에 3D프린팅이 유용하게 사용되고 있습니다.

표133. 소량 생산 파트 제작 사례

| Roush Performance |
| --- |

| 사례 | 러시 퍼포먼스(Roush Performance)는 포드 F-150 트럭 전방 카메라 마운트를 SAF(Selective Absorption Fusion) 3D프린팅으로 제작해 설계 변경 후 소량 부품을 신속하게 생산<br>→ 금형 제작 없이도 빠른 수정·생산이 가능해 단종 또는 특수 설계 부품을 경제적으로 공급, 생산 효율성과 비용 절감을 실현 |
| --- | --- |

| 3D프린팅으로 완성된 브래킷과 카메라 (F-150트럭 그릴에 장착된 모습)　　| 3D프린팅된 카메라 마운트 브래킷 / 고정클립

## 생산 툴링 및 조립 장비

생산 라인에서 부품을 조립하거나 검수할 때 필요한 맞춤형 툴링이
나 지그를 3D프린팅으로 제작하여 생산 효율성을 높일 수 있습니다.
그 결과 생산라인의 요구사항을 즉시 반영할 수 있고, 필요할 때마다
툴링을 교체할 수 있어 생산의 유연성이 높아집니다.

표134. 생산 툴링 및 조립 장비 제작 사례

| GM (제너럴 모터스) |
| --- |
| 사례 | GM(제너럴 모터스)은 생산 라인에서 사용하는 툴링을 3D프린팅으로 제작<br>→ 공정에 필요한 도구를 자체 제작함으로써 비용 절감 및 작업 효율성 향상 |

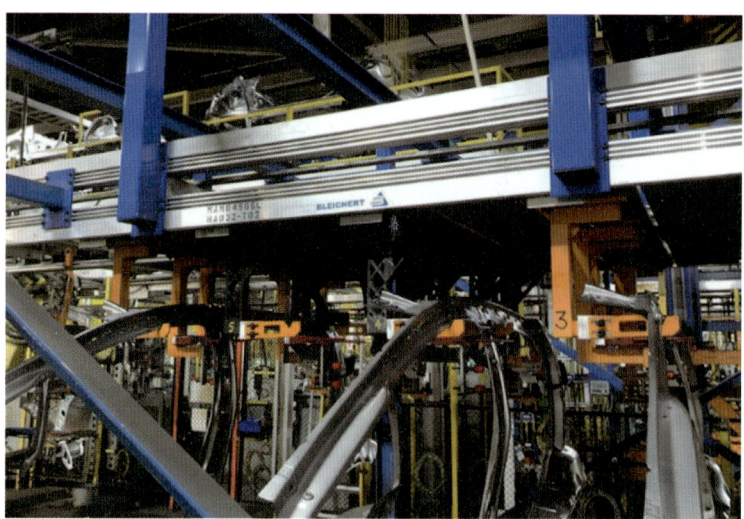

| 조립 라인에 3D프린팅 툴링 적용

# 3D프린팅 현장 스토리:
## 프로토텍과 함께한 기업 사례
### – 현대자동차 –

현대자동차는 3D프린팅 기술을 적극 도입해 부품 설계 검토, 조립성 테스트, 생산용 지그 및 픽스처 제작에 활용하고 있습니다. 상용팀, 디자인팀, 생산기술팀 등 여러 부서에서 FDM, PolyJet 기술로 경량화와 정밀도를 갖춘 시제품과 지그를 제작하며, 2005년부터는 프로토텍과 협력해 프로토타입뿐만 아니라 생산라인 맞춤형 지그 및 픽스처도 함께 제작하고 있습니다.

현대자동차 생산개발본부는 표면 품질과 치수 정밀도가 뛰어난 PolyJet 기술을 디자인 검토에 활용하며, 강도와 내구성이 필요한 생산용 지그는 FDM 기술을 주로 사용합니다. 프로토텍의 제작 서비스로 ABS 소재 엠블럼 지그는 기존 제품 대비 약 60% 가벼워지고, 인체공학적 설계로 작업자 편의성이 크게 향상되었습니다. 제작 기간도 1년 반에서 약 3개월로 80% 단축되어 작업 효율성이 크게 개선되었습니다.

현재 엠블럼 지그 등 다양한 맞춤형 부품이 3D프린팅으로 생산되고 있으며, 미래에는 맞춤형 액세서리 등 다품종 소량 생산 부품 적용도 확대할 계획입니다.

3D프린팅으로 제작된 맞춤형 지그

## 6-3. 소비재 산업에서 3D프린팅이 갖는 이점은?

    3D프린팅은 소비재 분야(가전, 가구 등)에서 개인화된 맞춤 제작, 디자인의 자유도, 신속한 시제품 제작, 비용 절감, 환경 친화적 제조, 수리 용이성 등의 이점을 제공하여, 소비자의 다양한 요구와 빠르게 변화하는 트렌드에 대응할 수 있는 유연한 생산 방식을 제공합니다. 가전제품, 가구, 가정용 소품 등 소비자 제품을 제작하는 과정에서 3D프린팅이 가져다주는 이점을 구체적으로 살펴보겠습니다.

### ◉ 맞춤형 제품 제작

소비자의 요구에 맞춰 맞춤형 제품을 소량으로 제작할 수 있습니다.
가구나 가전제품의 경우, 고객이 원하는 크기, 색상, 기능에 맞춰 개인화된 디자인을 적용할 수 있어, 제품의 차별화를 돕습니다.
또한 고객의 방 크기에 맞춘 맞춤형 책장이나 가구를 3D프린팅으로 제작할 수 있으며, 가전제품에서도 사용자 맞춤형 부품을 제공할 수 있습니다.

### ◉ 디자인 자유도와 복잡한 형상 구현

전통적 제조 방식으로는 구현하기 힘든 복잡한 디자인과 자유로운 형태를 구현할 수 있습니다. 이를 통해 창의적이고 독창적인 제품을 설계할 수 있어 소비자에게 새로운 디자인과 기능성을 제공할 수 있습니다.
맞춤형 램프나 복잡한 패턴의 가구 부품을 3D프린팅으로 제작하면, 디자인의 제약 없이 창의적인 형태를 실현할 수 있습니다.

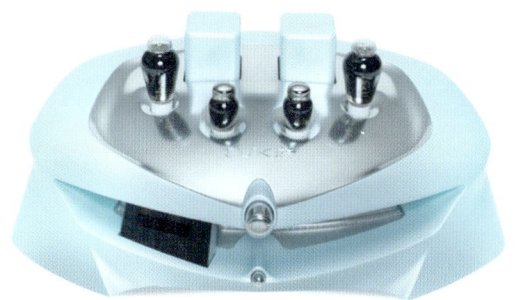

| 3D프린팅과 후처리가 완료된 엠프 최종 제품

## ● 프로토타이핑 속도 향상

3D프린팅은 제품 개발 단계에서 시제품을, 즉 프로토타입을 빠르게 제작하여 디자인과 기능을 테스트할 수 있다는 이점이 있습니다. 이를 통해 시장 출시 전에 여러 번의 검토와 수정이 가능해, 개발 기간을 크게 단축할 수 있습니다.

가전제품 제조사는 새 모델의 버튼, 외관 디자인을 시제품으로 제작하여 소비자의 피드백을 반영하거나, 기능을 테스트해 볼 수 있습니다.

| PolyJet, SLA, DLP, SAF(MJF)기술이 융합된 공기청정기 시제품

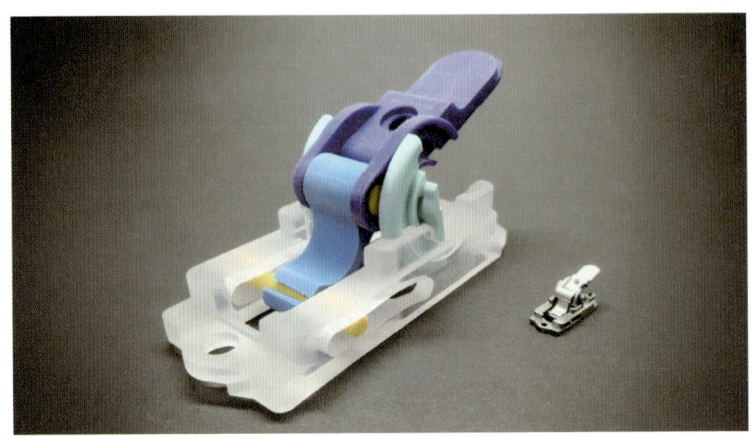

| 3D프린팅으로 제작된 프로토타입의 킥스탠드 힌지

## ◉ 제조 비용 절감

필요한 만큼의 재료만 사용하기 때문에 재료 낭비가 적고, 소량 생산에서도 경제적입니다. 기존 금형 방식에서는 대량 생산이 아니면 비용이 많이 들지만, 3D프린팅은 초기 제작 비용이 낮아 소량 생산에도 유리합니다.

특정 가전 부품이나 가구 부품을 소량 생산하거나 맞춤형으로 제작할 경우, 금형 제작비 없이 필요한 부품을 신속히 생산할 수 있습니다.

## ◉ 친환경적 제조

3D프린팅은 재료의 낭비가 적고 필요한 부분만 제작할 수 있어 친환경적인 제조 방식으로 평가받습니다. 또한, 재활용 가능한 소재나 친환경 소재를 사용해 제품을 제작할 수 있어 지속 가능한 제조에 기여합니다.

재활용 플라스틱으로 만든 3D프린팅 가구나 소형 가전 부품은 환경에 미치는 영향을 줄이고 자원을 효율적으로 사용할 수 있습니다.

## ◎ 부품 수급과 수리 용이성

고장 난 제품이나 부품의 수급이 용이하고 빠르게 교체할 수 있습니다. 단종된 부품을 3D프린팅으로 대체하여 수리 비용을 줄이고, 제품의 수명을 연장할 수 있습니다.

## 6-4. 피규어, 예술, 완구 분야에서의 3D프린팅 현황은?

## ◎ 피규어 제작

3D프린팅은 피규어 제작에서 복잡한 디테일과 맞춤형 디자인을 구현하는 데 활용되고 있습니다. 디지털 모델링을 통해 원하는 캐릭터나 형태를 정교하게 표현할 수 있으며, 특히 소량 생산의 경우 탁월한 경제성을 자랑합니다.

따라서 게임, 영화, 애니메이션 캐릭터의 피규어 제작에 널리 사용되고 있습니다.

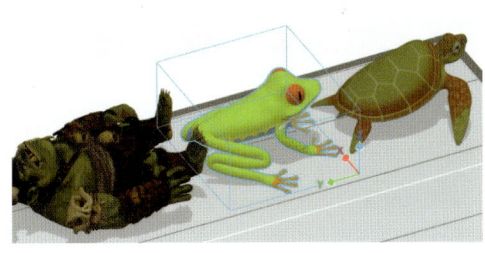

| 피규어 설계

| 3D프린팅된 피규어

| 3D프린팅으로 완성된 애니메이션: 잃어버린 세계를 찾아서(Missing Link)

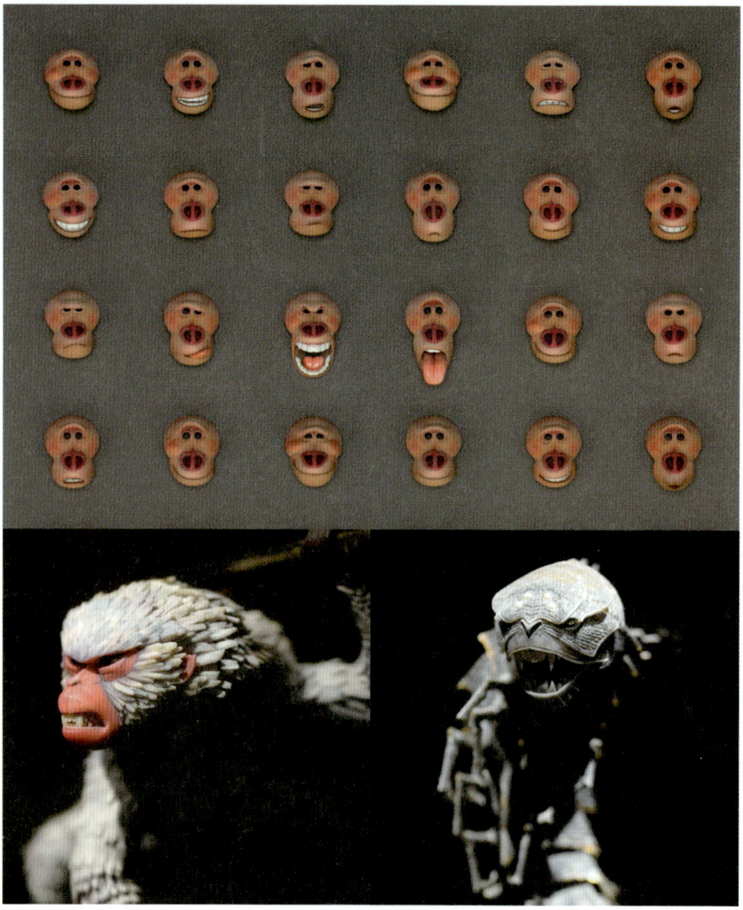

## ○ 예술 분야

예술가들은 3D프린팅을 통해 전통적인 방법으로는 어려운 복잡한 구조와 형태를 표현하고 있습니다. 조각, 설치 미술, 패션 디자인 등 다양한 예술 분야에서 창의적인 작품을 제작하는 데 활용되고 있으며, 새로운 예술 표현의 가능성을 열어주고 있습니다.

## ○ 완구 산업

완구 산업에서는 3D프린팅을 통해 제품 개발 주기를 단축하고, 소비자 맞춤형 제품을 제공하는 데 주력하고 있습니다. 특히 교육용 완구나 창의력을 향상시키는 제품에서 3D프린팅 기술이 적극적으로 활용되고 있습니다.

또한 소비자가 직접 디자인한 완구를 제작할 수 있는 서비스도 등장하여 시장의 다양성을 확대하고 있습니다.

이와 같이 피규어, 예술, 완구 분야에서도 3D프린팅 기술의 활용이 확대되고 있습니다. 기업들은 3D프린팅을 통해 제품 개발 비용 절감, 생산 효율성 향상, 소비자 맞춤형 제품 제공 등 다양한 이점을 누리고 있으며, 그 결과 시장 경쟁력이 강화되고 있습니다.

전반적으로 3D프린팅 기술은 피규어, 예술, 완구 산업에서 혁신적인 변화를 주도하고 있습니다. 또한 새로운 비즈니스 모델과 창의적인 제품 개발을 가능하게 하고 있습니다.

## 6-5. 항공우주 산업에서의 3D프린팅 응용 사례는?

항공우주 산업에서 3D프린팅 기술은 고성능 부품의 경량화, 복잡한 형상의 구현, 제작 비용 절감 등의 요구에 부합하여 다양한 응용 사례로 활용되고 있습니다. 대표적인 사례들을 구체적으로 살펴보면 다음과 같습니다.

### ◉ 로켓 엔진 부품 : 경량화와 내열성

로켓 엔진은 극한의 열과 압력을 견뎌야 하며 부품이 가볍고 강력해야 합니다. 3D프린팅을 통해 고내열성 합금으로 만든 연료 노즐, 연료 인젝터 등의 복잡한 구조를 단일 부품으로 제작할 수 있어 부품 무게를 줄이고 강도를 높일 수 있습니다. 로켓 엔진에 3D프린팅된 부품을 사용하여 엔진 성능을 개선하고 있는 스페이스X의 사례가 대표적입니다.

### ◉ 항공기 엔진 부품 : 복잡한 형상 구현

항공기 엔진 부품 중에는 공기의 흐름을 최적화하기 위한 복잡한 형상의 부품이 많습니다. 3D프린팅을 사용하면 기존 제조 방식으로는 만들기 어려운 내부 구조를 가진 부품을 제작할 수 있습니다. GE 항공은 항공기 엔진의 연료 노즐을 3D프린팅하여 생산하고 있으며, 이를 통해 무게를 줄이고 내구성을 높였습니다.

### ◉ 항공기 구조 부품 : 통합 및 경량화

항공기의 동체나 날개 부품도 3D프린팅을 통해 경량화할 수 있습니다. 또한 여러 부품으로 나뉘어 있던 구조물을 하나의 부품으로 통합하여 제작 가능합니다. 이는 항공기 전체의 무게를 줄이는 데 크게 기여합니다.

에어버스는 항공기 A350 모델에 다수의 3D프린팅 부품을 적용함으로써, 기존 부품 대비 30%의 무게 절감 효과를 얻었습니다.

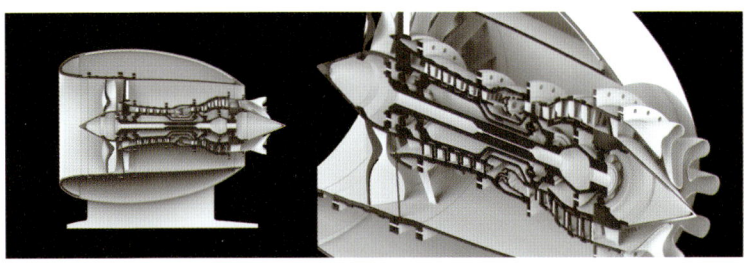

| 터빈 내부 구조 설계

| 완성된 터빈 모형

## ○ 인공위성 부품 : 맞춤형 부품을 저비용으로 제작

인공위성은 발사 전부터 각종 환경에 맞춘 맞춤형 부품이 필요하며, 대량 생산이 아닌 소량 제작이 주로 이루어집니다. 3D프린팅을 통해 맞춤형 부품을 신속하게 제작할 수 있고, 적은 비용으로도 높은 정밀도를 확보할 수 있습니다. 또한, 궤도에서 마모되거나 교체가 필요한 부품도 3D프린팅으로 쉽게 교체할 수 있습니다.

## ◦ 우주탐사 장비 : 현장 제작

미래의 달이나 화성 탐사 미션에서는 장비 부품을 지구에서 모두 가져가지 않고, 현지에서 3D프린팅으로 제작할 수 있습니다. NASA는 화성 탐사를 위한 3D프린팅 연구를 진행 중이며, 탐사 로봇이나 거주지 건설에 필요한 부품을 현지 재료를 이용해 제작하는 방안을 검토하고 있습니다.

## ◦ 드론 및 UAV(무인 항공기) : 부품의 유연한 설계와 제작

무인 항공기 UAV와 드론의 프레임이나 프로펠러 부품도 3D프린팅을 통해 맞춤 제작됩니다. 드론의 경량화와 내구성을 위한 부품을 빠르게 제작하여 기체 설계에 맞춘 최적의 부품을 생산할 수 있습니다. 이는 군사용, 상업용 드론 모두에 적용되어 실험과 제조 비용을 줄이는 데 기여하고 있습니다.

# 3D프린팅 현장 스토리:
## 프로토텍과 함께한 기업 사례
### – 성우엔지니어링 –

성우엔지니어링은 무인항공기 제작 전문기업으로, 3D프린팅 기술을 활용해 몰드, 컨셉 모델, 지그 및 소형 부품 제작에 혁신을 이루고 있습니다.

전통 방식의 유리섬유 소재 판 지그는 제작 시간이 오래 걸리고 부피가 커 비효율적이었으나, 프로토텍을 통해 도입한 F170 3D프린터로 빠른 출력과 높은 정밀도, 우수한 후처리 편의성을 확보해 생산성이 크게 향상되었습니다. 3D프린팅을 통해 지그 제작 시 부피를 줄여 유지보수 효율이 높아지고 설계 기간도 약 5배 단축되는 효과를 얻었습니다.

현재 F123 시리즈도 적극 활용하며 양산에 필요한 툴링과 부품 제작에 적용 중이며, 앞으로는 더욱 다양한 재료와 기술을 도입해 비행체 구조물 및 고강도 부품 제작으로 3D프린팅 활용을 확대할 계획입니다.

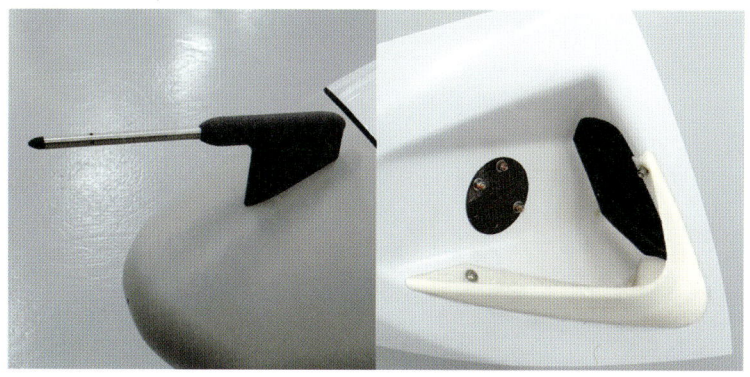

3D프린팅된 피토관 파트                 금형 제작이 어려운 맞춤형 3D프린팅 부품

## 6-6. 국방 분야에서의 3D프린팅 응용 사례는?

국방 분야에서 3D프린팅 기술은 무기체계의 수명 연장, 부품 조달 시간 단축, 비용 절감, 전투 준비태세 유지 등 다양한 목적에 따라 활용되고 있습니다. 특히 단종 부품 문제 해결, 현장 유지보수 역량 강화, 특수 작전용 장비 제작 등에서 두각을 나타내고 있으며, 다양한 실증 사례를 통해 그 가능성을 입증하고 있습니다.

### ○ 단종 부품 복원 및 수명 연장

국방 장비는 수십 년간 운용되는 경우가 많아, 시간이 지나면서 단종된 부품을 구하는 것이 점점 어려워집니다. 이로 인해 전체 무기체계의 수리나 운용이 지연되는 경우가 발생합니다. 3D프린팅은 이러한 단종 부품을 디지털 방식으로 복원하고 현장에서 직접 제작할 수 있어 신속한 수리와 전력 유지에 기여합니다.

표135. 엔진 수리 부품 제작 사례

| 공군 | |
|---|---|
| 사례 | 공군은 2012년 KF-16 및 F-15K 전투기 엔진 수리 부품을 금속 3D프린팅으로 제작하여 실제 장착에 성공<br>→ 연간 약 7억 원의 예산을 절감하고, 부품 조달 기간을 대폭 단축 |

### ○ 현장 맞춤형 유지보수 부품 제작

전시나 긴급 상황에서는 정비 시간이 곧 전투력과 직결됩니다. 3D프린팅은 현장에서 바로 필요한 부품을 출력할 수 있어, 부품 수급 지연 없이 빠른 정비가 가능합니다.

### 표136. 장갑차 외장 브래킷 역설계 및 제작 사례

| 호주 육군 |
| --- |

| 사례 | 육군은 훈련 중 파손된 장갑차 외장 브래킷을 3D스캔으로 역설계하고, 3D프린팅으로 제작하여 당일 수리 및 복귀<br>→ 현장형 유지보수 체계와 연계함으로써 작전 지속 능력 향상에 기여 |
| --- | --- |

## ● 전투 지원 및 특수 작전 장비 제작

특수부대나 공수부대 등에서는 환경에 맞춘 맞춤형 장비가 필요합니다. 3D프린팅은 소량 맞춤 제작이 가능해, 군화 깔창, 부착형 장비, 통신장비 커버 등 사용자 맞춤형 장비 제작에 적합합니다.

### 표137. 부대 장비의 경량화 부품 제작 사례

| 미군 |
| --- |

| 사례 | 미군은 특수전 부대 장비의 경량화를 위해 무전기 고정 클립, 야간투시장비 홀더 등을 3D프린팅으로 현장 제작<br>→ 임무별 장비 세트를 유연하게 구성할 수 있어 작전 편의성과 효율성 향상 |
| --- | --- |

## ● 훈련용 모형 및 시뮬레이터 제작

복잡한 장비를 다루는 병사들의 숙련도를 높이기 위해, 실제 장비와 유사한 훈련용 모형이 필요합니다. 3D프린팅은 실제 장비 구조를 모사한 교육용 모형을 제작해 반복 훈련을 가능하게 합니다.

### 표138. 어뢰 해체 훈련용 제작 사례

| 해군 |
| --- |

| 사례 | 해군은 어뢰 해체 훈련용으로 실제 어뢰 구조를 모사한 모형을 3D프린팅으로 제작<br>→ 장비 손상 없이 반복 훈련이 가능해져 안전성과 교육 효율성 향상 |
| --- | --- |

## ○ 군 전용 의료 및 복지 기기 제작

군 병원에서는 다양한 외상과 부상 치료를 위한 맞춤형 의료 장비 수요가 존재합니다. 3D프린팅을 통해 군 특수 상황에 맞는 깁스, 의지, 보조기기 등을 신속하게 제작할 수 있습니다.

**표139. 맞춤형 깁스 및 보조기기 제작 사례**

| 국군 병원 |
| --- |

| 사례 | 국군 병원은 부상 장병을 위해 맞춤형 깁스 및 보조기기를 3D프린팅으로 제작<br>→ 환자의 신체에 최적화된 보조기 제공으로 치료 기간 단축 및 만족도 향상 |
| --- | --- |

## 6-7. 조선·항만·중공업 분야에서의 3D프린팅 사례는?

## ○ 복잡한 대형 금속 부품 제작

조선 및 중공업 장비는 구조적으로 복잡하고, 고강도 소재가 필요한 경우가 많습니다. 3D프린팅은 기존 공정으로는 제작이 어려운 내부 구조, 냉각 채널, 격자 패턴 등을 구현할 수 있어 기능성과 경량화를 동시에 실현할 수 있습니다.

**표140. 대형 선박 엔진의 열교환기 부품 제작 사례**

| 덴마크 Heatflow |
| --- |

| 사례 | 추운 기후용 메탄올 엔진 예열 시스템의 3D프린팅 가스 대 가스 열교환기 제작<br>→ 복잡한 내부 유로(자이로이드 등) 구현으로 작은 부피 안에 열교환 면적을<br>　극대화했으며, 열처리 후 열전달 효율 약 50% 향상 |
| --- | --- |

## ◉ 단종 및 맞춤 부품 제작

선박이나 중장비는 20~30년 이상 운용되는 경우가 많아, 단종된 부품을 대체하거나 개별 장비에 최적화된 맞춤형 부품이 필요한 경우가 잦습니다. 3D스캔과 프린팅 기술을 활용하면 디지털로 부품을 복원하거나 설계 변경도 신속히 반영할 수 있습니다.

표141. **단종된 갑판 장비 부품 3D 스캔 후 제작 사례**

| HD현대중공업 | |
|---|---|
| 사례 | 금속 3D프린팅 선박용 프로펠러 제작<br>→ 제작 기간을 2개월에서 3주로 단축하고, 제조단가는 약 20% 절감했으며 소재 손실률은 최대 80%까지 줄임 |

## ◉ 항만 설비 및 유지보수 부품 현장 생산

항만 크레인, 컨테이너 취급 장비, 자동화 설비 등은 고장 시 즉각적인 부품 수급이 어려워 작업 중단이 발생하기 쉽습니다. 3D프린팅은 현장 맞춤형 부품을 바로 제작할 수 있어 유지보수에 유리합니다.

표142. **크레인 고정부품 3D 스캔 후 제작 사례**

| 한화 필리조선소 | |
|---|---|
| 사례 | 외부 협력사에 의존하던 엔진 부품(프리챔버), 배관 등을 자체 생산하기 위해 금속 3D프린팅 기술 도입<br>→ 외부 공급망 의존도 해소 및 부품 조달 기간을 획기적으로 단축하여 LNG선 및 함정 건조 경쟁력 확보 |

## ◉ 대형 부품 사전 검토용 모형 제작

조선소나 중공업 현장에서는 대형 부품을 실제 제작하기 전, 축소 모형이나 인터페이스 부위를 사전 검토용으로 제작해야 하는 경우가 많습니다. 3D프린팅은 정밀한 축소 모형을 빠르게 제작할 수 있어 설계 검토와 시뮬레이션에 효과적입니다.

**표143. 선박 추진기 축소 모형 제작 사례**

| 한화오션 | |
|---|---|
| 사례 | 한화오션은 선박 추진기 내부 부품 설계를 위해 고해상도 플라스틱 3D프린팅으로 축소 모형 제작<br>→ 조립 인터페이스를 사전 검증하여 설계 오류를 줄이고 개발 효율성을 향상 |

## ○ 중장비용 커스터마이징 및 기능성 파트 개발

굴삭기, 지게차, 타워크레인 등 중장비는 작업 환경에 따라 맞춤형 부품이 필요한 경우가 많습니다. 특히 부식 방지, 내마모 특성이 요구되는 부품의 경우, 금속 복합소재 기반의 3D프린팅을 활용하면 고기능 부품을 경제적으로 제작할 수 있습니다.

**표144. 건설기계의 버킷 부품 제작 사례**

| Konecranes | |
|---|---|
| 사례 | 크레인 브레이크 어셈블리 교체용 기어 금속 3D프린팅으로 제작<br>→ 폐쇄형 기어 링 설계로 고무 지지대를 제거해 브레이크 디스크 탈락 위험을 낮추고, 치수 정확도·표면 품질이 요구 수준을 충족함 |

## 6-8. 의료 분야에서의 3D프린팅 활용 사례는?

의료 분야에서 3D프린팅의 응용은 매우 다양하며, 특히 맞춤형 의료 기기 제작, 수술 준비를 위한 모델링, 치과 보철물, 생체 조직 프린팅 등에서 중요한 역할을 하고 있습니다. 각 사례를 구체적으로 살펴보면 다음과 같습니다.

## 맞춤형 의료 기기 제작

3D프린팅은 환자의 신체 구조에 맞춘 의수, 의족, 보조기기를 맞춤형으로 제작하는 데 널리 사용됩니다. 기존 방식으로는 맞춤형 기기를 제작하는 데 시간이 오래 걸리고 비용이 많이 들었습니다. 하지만 3D프린팅을 활용하면 개별 환자에게 최적화된 기기를 신속하고 경제적으로 제공할 수 있습니다.

환자의 3D스캔 데이터를 활용하여 각 환자에게 최적화된 크기와 모양의 보조기기를 제작할 수 있습니다. 이를 통해 착용감과 편의성이 크게 향상됩니다. 예를 들어 어린이의 성장에 따라 크기를 조절해야 하는 보조기기나 특정 부위에 맞춘 의족 같은 제품을 신속하게 제작할 수 있습니다.

## 일반 의료기기 및 장비 부품 제작

3D프린팅은 의료 장비의 표준화된 부품과 소모품을 빠르고 효율적으로 생산하는 데 활용됩니다. 커넥터, 손잡이, 외부 커버, 고정 클램프와 같은 소모품 및 부품을 신속히 제작하여 의료기기 생산 비용을 절감할 수 있습니다.

또한 병원 현장에서 필요한 부품을 직접 제작할 수 있어 긴급 상황에서 부품 교체가 가능합니다. 실제로 호흡기 부품이나 인공호흡기용 밸브와 같은 긴급 부품을 3D프린팅으로 생산하여 공급망 문제를 해결한 사례가 있습니다.

이처럼 3D프린팅은 소모품 수준을 넘어, 의료 현장의 실질적인 문제 해결에도 활용되고 있습니다.

최근에는 일본 의료기기 개발 기업 Trytec이 내시경 수술 중 렌즈 세척 시간을 획기적으로 단축할 수 있는 일회용 의료용 보조기기를 개발했습니다. 고속 정밀 준양산용 3D프린터 Origin One을 활용하여 제작된 이 기기는, 기존에 30초 가량 소요되던 렌즈 세척을 5초 만에 마칠 수 있게 해줍니다.

이 기술은 수술 중단 시간을 최소화하여 수술 효율을 높이고, 환자의 안전성과 회복 시간을 크게 개선하는 데 기여하고 있습니다.

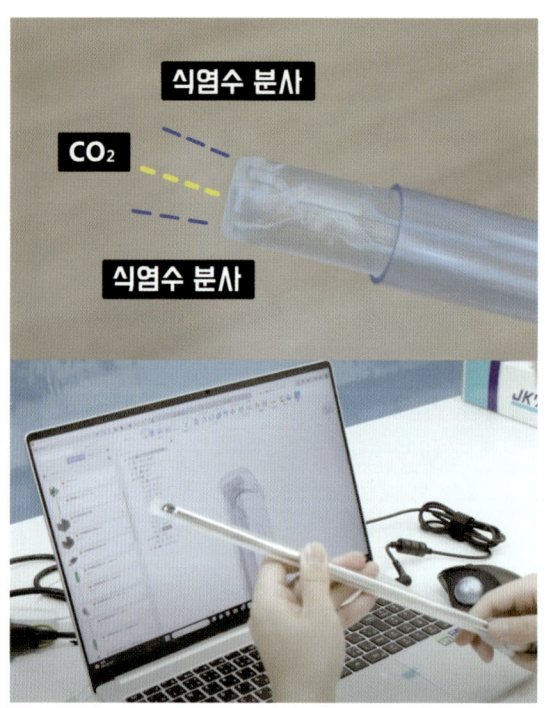

| 수술 중 렌즈 세척 시간을 단축해주는 3D프린팅 일회용 의료 보조기기

## 수술 준비를 위한 모델링 및 가이드 제작

복잡한 수술을 앞둔 의사들은 환자의 장기나 뼈 구조를 3D프린팅으로 모델링하여 실제 수술 전 모의 연습을 할 수 있습니다. 이를 통해 수술 과정을 사전에 계획하고, 예기치 못한 문제를 미리 파악할 수 있어 수술 성공률과 정확성을 높일 수 있습니다.

특히 뇌 수술, 심장 수술, 암 절제 수술과 같은 정밀한 수술의 경우, 수술 부위와 주변 장기를 3D로 출력해 실제와 동일한 모형을 만들어 놓고 사전 연습을 진행할 수 있습니다. 이를 통해 수술 시간을 줄일 수 있어 환자의 회복에도 긍정적인 영향을 줍니다.

또한 3D프린팅으로 수술 가이드를 제작할 수 있습니다. 이는 수술 시 필요한 절개 위치나 임플란트 위치를 정확하게 안내하여 수술의 안전성을 높이고, 부작용을 최소화하는 데 도움을 줍니다.

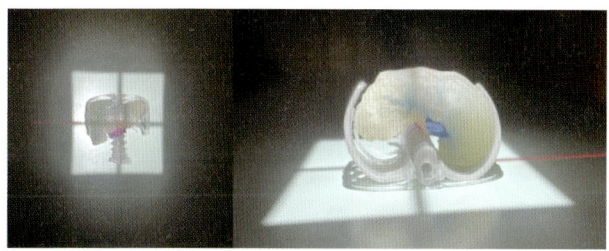

| 방사선 촬영 연습용 3D프린팅 장기

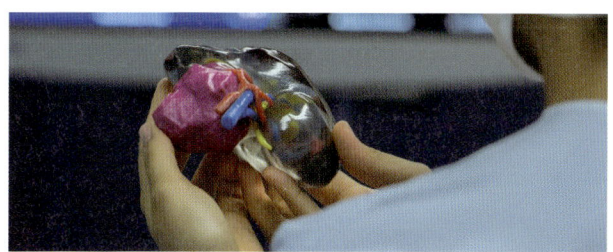

| 수술 전 종양 위치를 정확히 파악하기 위해 제작된 3D프린팅 장기

## ⊙ 치과 보철물 및 교정 장치

3D프린팅은 치과 분야에서도 혁신을 가져왔습니다. 치아의 3D스캔 데이터를 이용해 맞춤형 크라운, 브릿지, 교정 장치 등을 제작할 수 있습니다. 기존 방식은 시간이 오래 걸리고, 여러 번의 틀 본 작업이 필요했습니다. 하지만 이제는 3D프린팅을 통해 보다 정밀하고 빠르게 환자 맞춤형 보철물을 만들고 있습니다.

투명 교정 장치도 3D프린팅으로 제작됩니다. 투명 교정은 각 단계마다 환자의 치아 구조에 맞춘 새로운 장치를 만들어야 하는데, 3D프린팅 덕분에 각 단계별로 맞춤 제작된 교정 장치를 신속하게 제공할 수 있게 되었습니다.

이러한 맞춤형 치과 보철물은 환자의 치아에 완벽히 맞아 착용감이 우수하고, 정밀도 덕분에 치료 효율도 높아집니다.

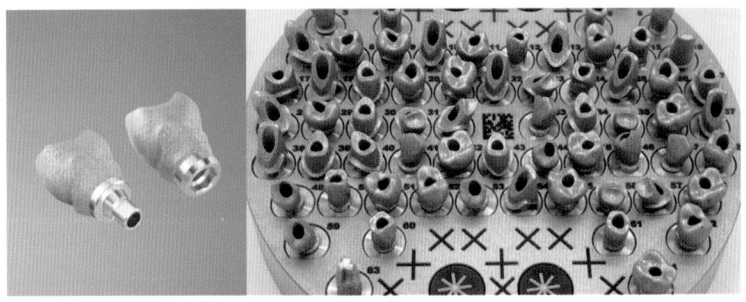

| 맞춤형 치과용 임플란트 부품(어버트먼트)을 대량으로 생산

## ⊙ 생체 조직 프린팅 및 바이오프린팅

의료 분야에서 가장 혁신적인 3D프린팅 응용 중 하나는 바이오프린팅, 즉 생체 조직을 프린팅하는 기술입니다. 현재 연구 중인 바이오프린팅 기술은 세포를 잉크처럼 사용해 인체 조직이나 장기를 프린팅하는 방식입니다.

피부 조직, 연골, 간세포와 같은 특정 세포를 기반으로 한 작은 조직이 3D프린팅으로 만들어지고 있으며, 향후 장기 이식의 대안으로 발전할 가능성이 큽니다. 화상 환자의 피부 이식을 위해 맞춤형 피부 조직을 프린팅하거나, 관절염 환자를 위한 연골 프린팅과 같은 응용이 가능합니다. 이처럼 바이오프린팅을 통해 장기기증 부족 문제 해결 가능성이 제시되고 있습니다.

또한 약물 테스트나 세포 연구에도 유용하게 활용되고 있습니다.

## ◦ 약물 및 연구용 모델 제작

3D프린팅은 약물 연구와 개발에도 활용되고 있습니다. 3D프린터로 정확한 용량과 모양의 약을 제작함으로써 환자 맞춤형 약물 개발이 가능해졌습니다. 예를 들어 연령대나 복용 주기에 맞게 약의 크기와 형태를 조정하여 복약 순응도를 높여줍니다.

또한 질병 연구에 필요한 세포 구조나 바이러스 모델을 3D프린팅함으로써, 연구자들이 실제 질병 환경을 모사할 수 있습니다. 이는 연구의 정확성을 높이고 실험 과정의 위험을 줄이는 데 기여합니다.

| 의료용 흡입기 개발을 위한
3D프린팅 시제품

## 3D프린팅을 활용한 의료 교육 시뮬레이터

3D프린팅은 의료 교육에서 시뮬레이터 제작에 크게 기여하고 있습니다. 환자의 장기, 조직, 뼈 구조를 실제와 유사하게 제작하여 의료진이 수술과 절차를 실제로 연습할 수 있는 환경을 제공합니다.

이러한 시뮬레이터는 의사들이 복잡한 수술을 반복적으로 연습할 수 있게 해줌으로써 정확성과 숙련도를 향상시켜 줍니다. 특히 심장 및 신경외과 수술과 같은 고난도 수술을 미리 연습하고 훈련하는 데 유용합니다.

또한 의대생과 의료인들이 보다 현실적이고 구체적인 교육을 받을 수 있도록, 수술 절차에 필요한 장기 모형과 혈관 구조를 3D프린팅하여 실제 수술과 유사한 환경을 제공합니다. 일부 시뮬레이터는 환자의 특정 상태나 질병을 반영한 맞춤형 모형으로 제작되어 다양한 케이스별 대응 방법을 학습할 수 있게 해줍니다. 이러한 장치는 의료진의 응급 대응능력 향상에 도움이 됩니다.

# 3D프린팅 현장 스토리:
## 프로토텍과 함께한 기업 사례
### – 서울아산병원 –

서울아산병원은 첨단 3D프린팅 기술을 활용해 맞춤형 의료기기 제작과 수술 시뮬레이션을 선도하고 있습니다. 특히 투명하고 유연한 3D프린팅 재료를 사용해 환자별 신장과 암 조직의 정확한 3차원 모형을 제작함으로써, 내부 구조를 명확히 확인할 수 있어 신장암 수술의 정밀도를 크게 높였습니다.

이를 통해 신장 부분절제술에서 암 조직만 선택적으로 제거하고 정상 조직은 최대한 보존할 수 있었으며, 수술 계획 수립과 위험 요소 사전 점검이 가능해졌습니다. 투명하고 탈부착이 가능한 신장 모형은 환자와 보호자가 수술 과정을 쉽게 이해하는 데에도 큰 도움을 주고 있습니다.

서울아산병원 융합의학과 김남국 교수는 3D프린팅이 고령화 시대 의료비 절감과 정밀 의료 실현에 핵심 역할을 한다고 강조합니다. 이 기술은 신장암뿐만 아니라 소아심장수술, 자궁경부암, 폐종양, 만성폐쇄성폐질환 등 다양한 고난도 수술에서 환자 맞춤형 장기 모형 제작에 활용되고 있으며, 3D프린팅을 이용한 맞춤형 삽입물 개발도 활발히 진행 중입니다.

이처럼 서울아산병원은 3D프린팅을 통해 의료의 효율성과 정밀성을 향상시키고 있으며, 더 나아가 환자 맞춤 의료의 미래를 열어가고 있습니다.

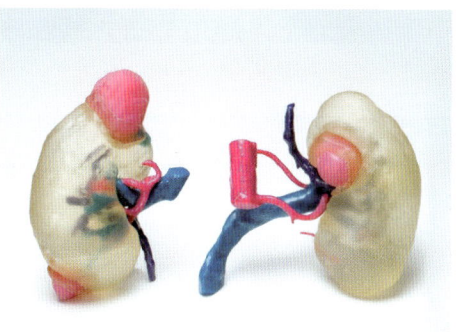

3D프린터를 활용해 환자의 신장 및
암 덩어리를 실제와 똑같이 재현한 모형

## 6-9. 패션 및 의류 산업에서 3D프린팅의 역할은?

3D프린팅은 창의적인 디자인 구현, 맞춤형 제작, 친환경 패션, 효율적인 소량 생산 등을 가능하게 해주었습니다. 이를 통해 패션의 가능성과 접근성을 확장하고 있으며, 안경을 비롯한 다양한 맞춤형 아이템 제작에 큰 역할을 하고 있습니다.

| 일본의 Kobe Leather Cloth가 디자인하고 제작한 맞춤형 패션 아이템들

| 다양한 패턴 및 질감 표현

| TechStyle 3D프린터로 제작된 원단 디자인

### ○ 혁신적인 디자인 구현

기존 제작 방식으로는 어려웠던 복잡한 패턴과 독창적인 형태를 구현할 수 있어, 패션 디자이너들이 실험적이고 혁신적인 디자인을 시도할 수 있게 되었습니다. 이를 통해 새로운 형태와 질감의 패션 아이템을 만들 수 있으며, 고객들에게 기존 의류와 차별화된 스타일을 제공합니다.

아이리스 반 헤르펜 Iris van Herpen과 같은 디자이너는 3D프린팅을 통해 예술적이고 독창적인 의상을 제작하여 패션쇼에 선보였습니다. 이는 3D프린팅이 패션의 예술적 가능성을 확장하는 데 기여하는 대표적인 사례입니다.

| 3D프린팅 기술로 구현된 혁신적인 의상 디자인

### ◦ 맞춤형 의류, 안경 및 패션 액세서리 제작

3D프린팅은 고객의 신체와 얼굴에 맞춘 맞춤형 의류, 안경, 액세서리를 제작하는 데 큰 도움을 줍니다. 고객의 체형과 스타일에 맞춘 의류, 얼굴형에 맞춘 안경 프레임 등을 제작할 수 있어 개성을 반영한 패션을 실현할 수 있습니다. 고객의 얼굴형에 맞춘 3D프린팅 안경 프레임을 제작하면 착용감과 디자인을 모두 만족시킬 수 있습니다.

나이키, 아디다스와 같은 브랜드는 고객의 발 모양에 맞춘 맞춤형 신발 밑창을 3D프린팅으로 제작하여 착용감을 개선하고, 성능을 최적화하는 방안을 연구 중입니다.

| 흙, 바람, 불, 물을 모티브로 3D프린팅된 선글라스 디자인

### ◦ 기능성 패션 제작

3D프린팅은 기능성 패션 분야에서도 유용하게 활용됩니다. 스포츠웨어, 보호 장비, 의료용 의류 등 특정 기능을 갖춘 패션 아이템을 3D프린팅으로 맞춤 제작함으로써, 착용자의 필요에 맞춘 성능을 제공합니다. 스포츠 의류에서는 근육 지지와 통기성 향상을 위한 특정 패턴을 3D프

린팅으로 구현할 수 있습니다. 의료용 압박 의류나 보호 패드도 맞춤형으로 제작할 수 있습니다. 이와 같은 제품들은 착용자의 퍼포먼스와 안전성을 향상시키는 데 기여합니다.

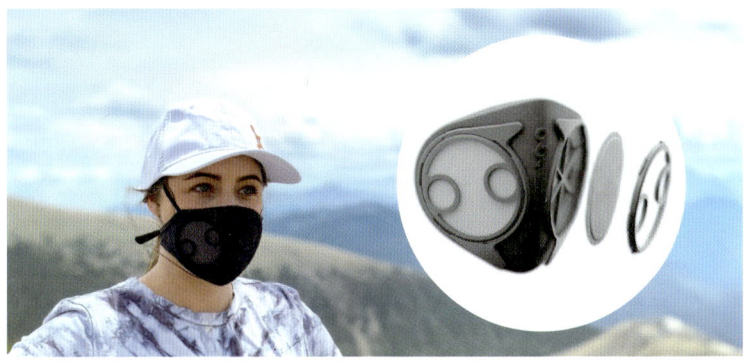

| 인체공학적 디자인 구현을 위한 3D프린팅된 마스크 시제품 및 실제 착용 모습

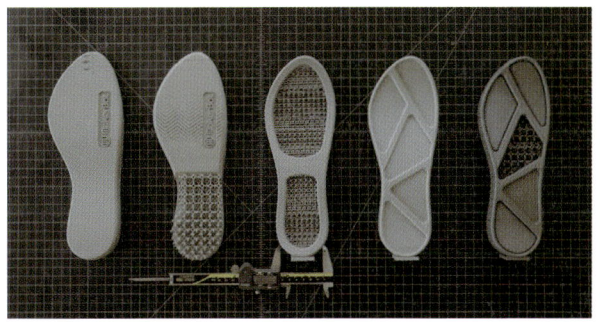

| 3D프린팅으로 제작된 다양한 운동화 밑창 디자인

## ○ 친환경 패션과 재료 절감

3D프린팅을 사용하면 의류나 패션 소품 제작 시 재료의 양을 최적화할 수 있습니다. 소재 낭비를 줄이고 폐기물 발생을 최소화하는 친환경 패션을 실현할 수 있는 것입니다.

패러블리 Parably는 3D프린팅을 활용하여 소재 절감과 지속가능성을 추구하고 있으며, 자원을 효율적으로 사용하는 친환경 패션을 선보이고 있습니다.

## ○ 생산 효율성 개선과 소량 맞춤형 생산

3D프린팅으로 생산하면 필요한 만큼만 제작할 수 있으므로 유연한 소량 생산과 맞춤형 제작이 가능합니다. 패션 산업은 트렌드 변화가 빠르기 때문에, 주문형 소량 생산 방식은 재고 부담을 줄이고 낭비를 최소화하는 데 큰 도움이 됩니다.

하이엔드 브랜드는 한정판 디자인이나 특정 시즌의 특수 제품을 3D 프린팅으로 소량 생산하여 출시하는 방식으로 생산을 효율화하고 있습니다. 이를 통해 대량 생산 없이도 고객의 요구에 맞춘 제품을 경제적으로 제공할 수 있습니다.

## 6-10. 3D프린팅 기술이 전자제품에 미치는 영향은?

3D프린팅은 전자제품 제조 분야에서도 긍정적인 영향을 미치고 있습니다. 제품 디자인 자유도, 맞춤형 생산, 공급망 유연성, 비용 절감, 친환경적 생산 방식 등을 통해 혁신을 촉진하고 있습니다.

3D프린팅이 전자제품에 미치는 주요 영향을 정리하면 다음과 같습니다.

## ○ 설계 자유도 증가와 혁신적인 제품 디자인 구현

복잡하고 세밀한 구조를 손쉽게 구현할 수 있어 전자제품의 설계 및 디자인 자유도를 크게 향상시킵니다. 이를 통해 공간 효율성을 높인 설계, 복잡한 내부 구조, 커스터마이징된 외형 등을 손쉽게 구현할 수 있습니다.

스마트폰 케이스나 내부 배터리 홀더를 맞춤형으로 설계하거나, 공간을 효율적으로 활용할 수 있는 회로 설계가 가능해져 작고 복잡한 구조의 전자제품 개발이 용이해집니다.

## 맞춤형 전자제품 및 소량 생산 가능성

소비자의 개별 요구를 반영한 맞춤형 제품을 소량으로 생산할 수 있어, 소형 가전이나 주변기기의 커스터마이징에 용이합니다. 이를 통해 사용자의 특성과 요구에 맞춘 고유한 제품을 제공할 수 있습니다.

소비자의 손 크기에 맞춘 맞춤형 게임 컨트롤러, 맞춤형 외관 디자인의 이어폰 케이스, 소형 스마트 기기의 보호 케이스 등이 있습니다.

## 프로토타이핑 속도 향상과 제품 개발 주기 단축

제품 개발 단계에서 3D프린팅은 신속한 프로토타입 제작과 수정을 가능하게 해줍니다. 이를 통해 설계와 기능 테스트 과정을 단축할 수 있으며, 초기 개발 단계에서 여러 차례 디자인을 수정하고 즉각적인 피드백을 반영할 수 있어 제품 출시 기간을 줄일 수 있습니다.

실제로 웨어러블 기기, 소형 전자기기 등의 디자인과 구조를 빠르게 테스트하고 수정하여 개발 기간을 줄이고 있습니다.

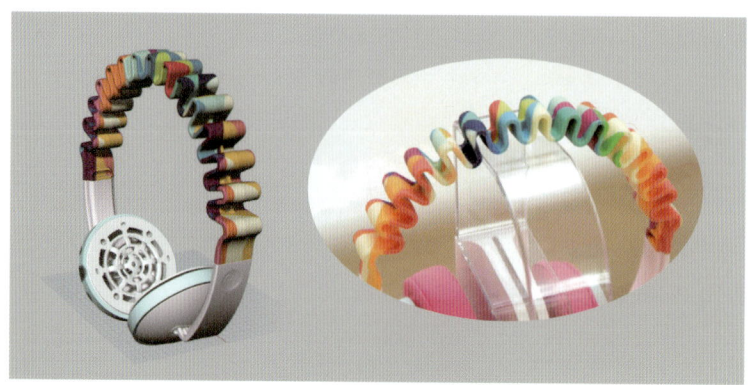

| 이노디자인: 3D프린터로 제작한, 실제 제품과 같은 사실적인 헤드폰 시제품

### ◦ 제조 비용 절감 및 재고 부담 감소

소량 생산이 필요한 전자 부품이나 부속품, 맞춤형 케이스 등을 3D프린팅으로 제작하면 초기 금형 비용 없이도 효율적인 소량 생산이 가능합니다.

이와 같이 3D프린팅은 재고를 미리 보유할 필요가 없기 때문에 재고 관리에 드는 비용과 부담을 줄일 수 있습니다.

### ◦ 공급망 유연성 강화와 현지 생산 가능성

3D프린팅은 현지에서 부품을 제작할 수 있어 공급망 문제나 지연을 완화하고, 필요한 부품을 현장에서 신속히 확보할 수 있습니다. 이를 통해 글로벌 공급망 의존도를 낮추고, 재고 부족 상황에서도 제품 생산을 지속할 수 있습니다.

일시적으로 공급이 중단된 특정 부품을 현지에서 제작하여 공급망의 유연성을 확보하고 생산 중단을 방지합니다.

## 친환경적 제조 및 자원 절약

3D프린팅은 필요한 만큼만 재료를 사용하여 폐기물 발생을 최소화하고, 재활용 가능한 소재나 친환경 소재를 사용할 수 있어 지속 가능한 제조 방식을 제공합니다. 이는 환경 보호와 자원 절약에 기여하며, 전자제품 제조에서의 친환경적 접근을 가능하게 합니다.

소형 가전의 외장 케이스나 부속품을 재활용 플라스틱으로 제작하여 자원 낭비를 줄입니다.

## 희귀 부품 대체 및 제품 수명 연장

단종되었거나 희귀한 부품을 소량으로 제작하여 수리하기 어려운 부품을 대체할 수 있습니다. 이는 제품의 수명을 연장하고 수리의 용이성을 높여줍니다.

이와 같이 단종된 가전제품의 고유 부품을 3D프린팅으로 복제해 수리가 가능하도록 지원하거나, 오래된 전자제품을 계속 사용할 수 있도록 유지합니다.

## 6-11. 건설 분야에서 3D프린팅의 가능성은?

건설 분야에서 3D프린팅은 빠른 건축 구조물 제작, 맞춤형 설계 구현, 비용 절감, 친환경 건설 방식 등 다양한 가능성을 제시하며 기존의 건축 방식을 혁신할 잠재력을 가지고 있습니다. 주요 가능성을 구체적으로 살펴보면 다음과 같습니다.

| Caracol 대형 펠릿 3D프린터로 제작된 외부 인테리어 용품

### 건축 구조물의 빠른 제작

3D프린팅은 콘크리트, 석고, 플라스틱 등을 층층이 쌓아 건축물을 빠르게 완성할 수 있습니다. 대형 프린터를 사용하면 주택, 사무실, 다리 등을 짧은 시간 내에 제작할 수 있어 재난 복구에 효율적입니다. 중국의 WinSun은 하루 만에 10채의 소형 주택을 제작했으며, 두바이에서는 세계 최초로 3D프린팅된 사무실 건물이 하루만에 완성되었습니다.

### 비용 절감

3D프린팅은 필요한 양만큼 재료를 사용해 낭비를 줄이고, 인건비와 자재비를 절감합니다. 전통 건축에서는 잉여 자재와 인력이 많이 필요하지만, 3D프린팅은 자동화로 비용을 줄입니다. 미국의 ICON은 저소득층을 위한 저렴한 주택을 3D프린팅으로 제작해 주거 비용을 낮추고 있습니다.

## 맞춤형 설계와 복잡한 형상 구현

3D프린팅은 전통 방식으로 제작하기 어려운 복잡한 곡선과 맞춤형 디자인을 쉽게 구현합니다. 두바이의 미래재단 오피스는 곡선과 곡면을 포함한 복잡한 구조물을 3D프린팅으로 제작해 미래지향적 디자인을 보여주었습니다. 이 기술은 예술적이고 환경친화적인 건축 설계를 가능하게 합니다.

## 환경친화적 건설 방식

3D프린팅은 필요한 만큼만 재료를 사용해 폐기물과 탄소 배출을 줄입니다. 네덜란드의 DUS Architects는 재활용 플라스틱으로 3D프린팅된 미니 주택을 제작해 자원 효율성과 지속가능성을 높였습니다. 이는 환경에 미치는 영향을 최소화하면서 건설 효율성을 높입니다.

## 원격 건설 및 자동화

3D프린팅은 원격 건축과 자동화를 통해 위험한 환경에서도 최소한의 인력으로 작업할 수 있게 해줍니다. NASA와 ESA는 달과 화성의 자원을 활용하여 탐사기지 및 거주지를 건설하기 위해 3D프린팅 기술을 연구 중입니다. 이는 우주 탐사에 큰 기여를 할 수 있습니다.

## 건축 모형 제작

3D프린팅은 정확한 축척과 디테일을 가진 건축 모형을 제작해 설계 검토와 고객 프레젠테이션을 효과적으로 할 수 있습니다. 복잡한 구조물을 시각화해 설계 의도를 명확히 전달하며, 설계 변경 사항도 신속히 반영할 수 있어 건축가와 고객 간 협업을 원활하게 합니다.

| 3D프린팅으로 제작된 황룡사(좌)와 롯데타워(우) 모형

## 6-12. 패키징 산업에서 3D프린팅 기술이 적용되는 분야는?

빠르게 변화하는 소비 트렌드와 제품 다양화에 따라, 패키징 산업은 빠른 대응력과 높은 유연성을 요구받고 있습니다. 이러한 흐름 속에서 3D프린팅 기술은 단순한 시제품 제작을 넘어, 디자인, 생산, 설비 유지보수 등 다양한 영역에서 중요한 역할을 하고 있습니다. 지금부터 패키징 산업 내에서 3D프린팅이 적용되는 주요 분야를 소개해 드리겠습니다.

### ◉ 패키지 디자인 시제품 제작

신제품 출시 전에 고품질 시제품을 출력하여 실제 포장 구조와 외형을 미리 검토할 수 있습니다. PolyJet 기술은 실제 포장재와 유사한 질감과 색감을 구현할 수 있어 제품 출시 전 고객 피드백이나 소비자 반응을 미리 확인하는 데 유리합니다.

이러한 시제품은 디자인 전시회나 마케팅 용도로도 활용되며 브랜드 이미지를 전달하는 데 중요한 역할을 합니다.

| 다양한 색상과 디자인으로 제작된 3D프린팅 매니큐어 시제품

## 맞춤형 패키지 소량 생산

제품 크기와 형상에 최적화된 보호 구조를 설계하고 반복적으로 검증함으로써, 고급 소비재나 정밀 부품 포장에 적합한 인서트를 개발할 수 있습니다. SAF 기반 파우더 베드 기술을 활용하면 복잡한 내부 격벽 구조나 충격 흡수 설계를 정밀하게 구현할 수 있습니다. 이 기술은 운송 중 파손을 막는 기능적 포장 구조를 개발하는 데 유리하며, 다품종 소량 패키지 수요에 대응하는 데에도 효과적입니다.

글로벌 화장품 포장 기업 Baralan은 Stratasys 및 ICA와 협력해 PolyJet 기술을 활용한 3D프린팅 기반 유리 장식 패키지를 선보였습니다. 이 솔루션은 별도의 장비 투자 없이 고해상도 색상과 질감을 구현할 수 있습니다. 친환경성과 재활용성까지 고려하기 때문에 소량 맞춤형 패키징의 새로운 가능성을 보여주고 있습니다.

| 3D프린팅 기술을 활용한 유리 장식 맞춤형 패키지

## ◦ 포장 설비용 지그 및 전용 부품 제작

3D프린팅을 활용하면 패키징 생산라인에 사용되는 라벨 부착기, 박스 접기 장치, 정렬 장비 등 다양한 자동화 설비의 지그와 전용 부품을 맞춤형으로 제작할 수 있습니다. 이때 고강도 소재를 활용하면 내열성과 내구성이 요구되는 부품도 자체 생산할 수 있습니다. 이를 통해 설비의 유지보수 시간을 줄이고 생산 유연성을 향상시킬 수 있으며, 대체 부품 조달이 어려운 경우에도 즉각 대응할 수 있어 다운타임을 최소화할 수 있습니다.

# 7. 3D프린팅의 경제성 분석 및 전략: ROI부터 리스크까지

# 7. 3D프린팅의 경제성 분석 및 전략: ROI부터 리스크까지

## 7-1. 3D프린팅의 경제성 분석을 위해 고려해야 할 것은?

3D프린팅의 경제성을 분석하는 방법은 주로 비용 절감과 생산 효율성을 중심으로 진행됩니다. 3D프린팅은 전통적인 제조 방식과 비교할 때 몇 가지 장점이 있지만, 이를 제대로 평가하기 위해서는 여러 가지 요소를 고려해야 합니다.

### ○ 초기 투자비용

3D프린터의 초기 비용은 장비의 성능과 용도에 따라 달라집니다. 산업용 장비는 고가이지만, 금형 없이 최종 제품을 만들거나 고성능 재료를 사용할 수 있어 그만큼의 가치가 있습니다. 특히 맞춤형 제작, 소량 생산, 또는 기능성 테스트가 필요한 시제품 제작에도 적합해 장기적으로 시간과 비용을 절감할 수 있습니다.

반면, 디자인 확인이 중심인 시제품 제작이나 취미 목적이라면 보급형 장비로도 충분합니다. 최근에는 다양한 가격대의 장비가 출시되어, 목적에 맞는 합리적인 선택이 가능합니다.

## ○ 소재 비용

3D프린팅에서 사용하는 재료는 경제성에 큰 영향을 미칩니다. 사출 성형이나 절삭 가공 같은 전통적 방식은 대량 생산 시 단가가 낮아지지만, 초기 금형 제작 비용이나 재료 낭비가 발생할 수 있습니다.

반면 3D프린팅은 재료 단가는 높은 편이지만 절삭 없이 필요한 형상만 적층해 제작하기 때문에 낭비가 적습니다. 또한 금형 없이도 복잡한 맞춤형 제품을 소량 생산할 수 있어 전체 비용을 줄일 수 있습니다. 제품의 특성과 생산 방식에 따라 소재 비용 측면의 이점은 달라질 수 있습니다.

## ○ 생산 시간

3D프린팅은 빠르게 프로토타입을 제작하고, 짧은 기간 내에 최종 제품까지 만들 수 있다는 점에서 큰 강점이 있습니다. 특히 금형 없이 직접 출력이 가능하기 때문에, 금형 설계 및 제작에 보통 수 주 이상 소요되던 기간을 단축할 수 있습니다.

이처럼 3D프린팅은 맞춤형 생산과 소량 생산에서 전통적인 제조 방식보다 전반적인 리드타임이 크게 줄어듭니다. 이러한 시간 절약은 경제성 분석에서 매우 중요한 요소로 작용합니다.

## ○ 후처리 비용

3D프린팅으로 출력된 부품은 대부분 별도의 후처리 과정을 거쳐야 최종 형태로 완성됩니다. 표면을 매끄럽게 다듬거나 지지 구조물을 제

거하는 작업이 대표적이며, 경우에 따라 도장, 경화, 연마 등의 공정이 추가될 수 있습니다. 특히 사용된 프린팅 방식 FDM, SLA, SLS 등에 따라 필요한 후처리 방식이 달라지고, 의료용, 산업용, 시제품 등 용도에 따라 요구되는 마감 품질 수준도 달라집니다.

따라서 단순히 출력 비용만 고려하기보다는, 실제 활용을 위한 후처리 과정을 미리 파악하고 그에 따른 시간과 비용까지 함께 계산하는 것이 중요합니다.

## ◎ 물류 비용

3D프린팅은 필요한 장소에서 직접 제작할 수 있어 물류비용 측면에서도 장점이 있습니다. 전통적인 제조 방식은 생산 후 운송과 재고 관리에 비용이 들지만, 3D프린팅은 설계 데이터만으로 현지 생산이 가능해 운송비와 재고 부담을 줄일 수 있습니다. 특히 분산 생산이나 주문형 생산에 적합하기 때문에, 공급망을 단순화하고 비용을 절감할 수 있습니다.

## 7-2. 3D프린팅의 경제성 분석 방법과 특징은?

3D프린팅의 경제성은 총 비용 절감, 단가 계산, 생산 시간 단축, 맞춤형 생산을 분석하면서 파악 할 수 있습니다.

## ◎ 총 비용 절감 분석

가장 기본적인 분석 방법은 전통적인 방식과 3D프린팅을 비교해 전체 비용이 얼마나 줄어드는지 확인하는 것입니다.

**총 비용 절감 (Cost Savings) =** *기존 제조 비용 - 3D프린팅 제조 비용*

표145. 비용 항목 비교

| 분류 | 내용 |
|------|------|
| 기존 제조 비용 | 금형 제작, 절삭 가공, 조립, 후처리 등 전통적인 방식에서 발생하는 종합 비용 |
| 3D프린팅 제조 비용 | 3D프린팅 공정에 소요되는 재료비, 출력 시간, 전력 소비 등 직접비용으로 금형 없이 제작 가능하여 초기 투자비용 절감 가능 |

## 단가 계산

3D프린팅으로 만든 제품의 1개당 단가는 다음과 같은 요소로 계산할 수 있습니다.

**3D프린팅 단가 =** *재료비 + (시간당 작업 비용×작업 시간) + 장비 운용비*

예를 들어 재료비 2,000원+(3시간 작업×1,000원)+장비 운용비 2,000원이라면 총 단가는 7,000원이 됩니다. 이 수치를 기존 방식과 비교해보면, 3D프린팅이 단가 측면에서도 유리한지 판단할 수 있습니다.

## 생산 시간 단축 분석

3D프린팅은 빠른 프로토타입 제작과 짧은 생산 주기를 제공하므로, 생산 시간 단축을 경제성의 중요한 요소로 분석할 수 있습니다.

**생산 시간 절감 =** *기존 생산 시간 − 3D프린팅 생산 시간*

이 값이 크면 클수록 3D프린팅의 경제적 이점이 커집니다. 이는 제품 출시 시간을 단축시켜 시장에 더 빨리 진입할 수 있게 해줍니다.

### ◉ 맞춤형 생산의 경제성

3D프린팅은 맞춤형 생산에 매우 유리합니다. 맞춤형 부품 제작을 위한 비용을 다음과 같이 분석할 수 있습니다.

**맞춤형 부품 제작 비용 =** *설계 변경 비용 + (제작 시간 × 시간당 비용)*

3D프린팅은 설계 변경을 신속하게 처리할 수 있어, 설계 변경이 잦은 부품에 대해서 매우 경제적입니다.

3D프린팅의 경제성은 단순한 제작 단가 비교만으로는 판단하기 어렵습니다. 총비용 절감, 생산 시간 단축, 맞춤형 제작 효율성 등 다양한 요소를 함께 고려해야 하며, 특히 산업용 장비의 경우 ROI Return on Investment 분석이 쉽지 않습니다.

불량률 감소, 경량화, 생산 유연성처럼 수치로 환산하기 어려운 효과들도 많습니다. 따라서 시간 및 비용뿐만 아니라 품질 개선, 공급망 최적화 등 눈에 보이지 않는 가치까지 종합적으로 검토하는 접근이 필요합니다.

표146. **3D프린팅의 종합적인 경제성**

| 분류 | 내용 | |
|---|---|---|
| **3D프린팅의 종합적인 경제성 분석** | Ⓐ 생산 단가 비교 분석 | |
| | Ⓑ 시간 단축 효과 분석 | |
| | Ⓒ 특수 효과 분석 | 경량화 효과 |
| | | 생산 유연성 효과 |
| | | 공급망 최적화 효과 |
| | | 맞춤형 부품 제작 효과 |
| | | 재고 절감 효과 |

3D프린팅의 생산 단가는 기존 제조방식보다 상대적으로 높을 수 있습니다. 하지만 결과적으로는 더 나은 경제성을 확보하는 사례가 많습니다. 시간 단축이나 제품 성능 향상에서 얻는 경제적 이익이 생산 단가를 넘어서는 경우입니다.

제조업에 있어 공기工期 단축은 단순한 원가 절감 이상의 의미를 가집니다. 테스트 주기를 줄이고 시장 출시 시점Time-to-Market을 앞당겨 기업의 경쟁력을 실질적으로 강화할 수 있기 때문입니다.

생산라인 운영 측면에서도 3D프린팅 기술이 유용합니다. 금형 수정을 위한 라인 중단이나 비상 상황이 발생했을 때, 단기간에 대체 부품을 제작할 수 있기 때문입니다. 이를 통해 생산 중단에 따른 손실을 최소화하고 결과적으로 경제성을 확보하는 데 기여할 수 있습니다.

아울러 3D프린팅은 맞춤형 또는 복잡한 형상의 부품 제작에 특히 효과적입니다. 이는 기존 제조 기술로는 구현이 불가능하거나 비효율적인 영역에서 뚜렷한 경쟁력을 가집니다. 열효율을 극대화한 열교환기, 고객 맞춤형 소비재(예: 신발, 안경), 최적화된 냉각 채널을 갖춘 냉각 부품 등이 대표적인 예입니다. 이러한 제품들에서 3D프린팅만의 고유한 장점이 잘 발휘됩니다.

이처럼 3D프린팅 기술은 다양한 방식으로 경제성을 확보합니다.

## 7-3. 기존 제조 방식과 3D프린팅의 경제성을 비교하면?

3D프린팅은 전통 제조와 공정 구조가 달라 비용 구조와 리드타임에서 차이가 발생합니다. 아래 표는 초기 설계, 재료, 금형 유무, 생산 시간 등 핵심 항목을 기준으로 두 방식을 비교한 내용입니다.

표147. **전통적인 제조 방식과 3D프린팅 방식 비교표**

| 항목 | 전통적인 제조 | 3D프린팅 |
| --- | --- | --- |
| 초기 설계 비용 | 높음 | 낮음 |
| 재료 비용 | 중간 | 높음 |
| 금형 제작 비용 | 매우 높음 | 없음 |
| 생산 시간 | 김 | 짧음 |
| 후속 작업 비용 | 높음 | 중간 |
| 특수효과 생산 비용 | 높음 | 낮음 |

## 표148. 예시로 보는 비용 비교 - 소량 생산 시

| 초기 비용: 금형 (틀) 제작 비용 절감 | |
| --- | --- |
| 기존 제조 방식 | 금형 제작에 수천만~수억 원 소요, 대량 생산해야만 단가 회수 가능 |
| 3D프린팅 | 금형 없이 바로 제작 가능 → 초기 투자비 절감, 소량 생산에 적합 |
| **단위당 비용 비교** | |
| 기존 제조 방식 | 생산 수량이 적을수록 개당 단가 급등 |
| 3D프린팅 | 생산 수량과 무관하게 개당 단가 일정 |
| **시간 절감: 제품 제작 및 출시 시간 단축** | |
| 기존 제조 방식 | 금형 설계 및 제작, 대량 생산 준비까지 수주~수개월 소요 |
| 3D프린팅 | 디자인 완료 즉시 출력 가능 → 제품 개발 및 출시 시간 단축 |
| **재고 비용 절감: 필요할 때 즉시 생산** | |
| 기존 제조 방식 | 대량 생산 후 재고 보관 필요 → 창고 운영비 및 재고 리스크 발생 |
| 3D프린팅 | 필요한 시점에 즉시 생산 가능 → 재고 최소화, 창고 비용 절감 |

## 표149. 예시로 보는 비용 비교

| 항목 | 기존 제조방식 (1,000개) | 3D프린팅 (1,000개) |
| --- | --- | --- |
| 금형 제작비용 | 5,000만 원 | 0원 |
| 제품 제작비용 | 1,000만 원(개당 1만 원) | 5,000만 원(개당 5만 원) |
| 창고(재고) 비용 | 100만 원 | 0원 |
| 시간 비용 | 1,000만 원(2달) | 250만 원(15일) |
| 특수효과 비용 | 관계없음 | 관계없음 |
| 총 비용 | 7,100만 원 | 5,250만 원 |

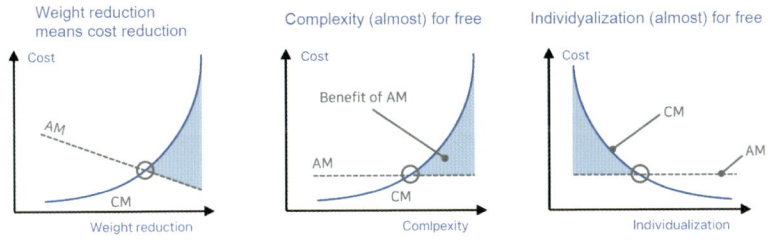

Weight reduction
means cost reduction

Complexity (almost) for free

Individyalization (almost) for free

| AM은 3D프린팅을, CM(Conventional Manufacturing)은 기존 제조방식을 뜻합니다.

## 경량화(Weight reduction)

3D프린팅은 경량화가 필요한 부품 제작에 적합한 제조 방식입니다. 일반적으로 전통 제조 방식에서는 부품의 무게를 줄일수록 형상이 복잡해지고, 이로 인해 생산 단가는 오히려 상승하는 경우가 많습니다. 반면 3D프린팅은 형상 자유도가 높아 복잡한 구조나 메쉬 설계도 그대로 제작할 수 있으며, 이러한 경량 설계를 통해 오히려 재료 사용량이 줄어드는 경향이 있습니다.

3D프린팅 부품의 가격은 재료 사용량과 밀접한 연관이 있기 때문에, 경량화할수록 생산 비용이 낮아지는 경우가 많습니다. 이와 같은 특징은 무게 최적화가 중요한 항공우주, 모빌리티 분야에서 특히 큰 장점으로 작용합니다.

또한 탄소절감 효과도 있습니다. 항공, 선박, 육상 운송 시 무게가 줄어들어 화석연료를 적게 사용하기 때문입니다.

## 복잡한 부품(Complexity)

형상이 복잡한 부품일수록 전통적인 제조 방식에서는 생산 단가가 상승합니다. 복잡한 구조는 가공 난이도를 높이고, 부품을 나누어 제작한 후 조립해야 하는 경우가 많기 때문입니다. 이에 따라 부품 수, 조립 시간, 조달 비용 등이 증가하게 됩니다.

하지만 3D프린팅은 별도의 공정 없이 설계한 대로 일체형으로 직접 제작할 수 있어, 복잡한 형상이라고 해서 생산 단가가 많이 증가하지 않습니다. 복잡성을 유지하면서도 부품 수를 줄이고, 조립 공정을 생략할 수 있다는 점에서 경제적으로 유리합니다.

## ○ 생산개수 - 맞춤화(Individualization)

전통 제조 방식에서는 금형 제작이 필수적인 경우가 많아, 생산량이 적을수록 부품 1개당 비용이 급격히 증가합니다. 특히 금형 비용이 수천만 원에 달할 경우, 소량 생산에서는 금형비를 회수하기 어렵습니다.

반면 3D프린팅은 금형 없이 바로 생산이 가능하므로, 생산 수량이 적을수록 그 장점이 두드러집니다. 하나의 부품만 생산하더라도 높은 초기 비용 부담 없이 시작할 수 있어, 시험 제작이나 맞춤형 제품 생산에 매우 적합합니다.

## 7-4. 맞춤형 생산과 3D프린팅의 경제적 이점은?

3D프린팅 기술은 소량 생산, 설계 변경, 재고 부담 등 맞춤형 생산에 따르는 다양한 문제를 해결하는 데 효과적입니다. 초기 비용부터 공정 유연성까지, 기존 제조 방식보다 경제성과 실용성을 높일 수 있는 기술로 주목받고 있습니다.

## 금형 제작 비용 절감

전통적인 제조 방식에서는 맞춤형 제품을 제작할 때마다 새로운 금형(틀)을 만들어야 하는 경우가 많아, 초기 비용과 시간이 많이 소요됩니다. 특히 소량 생산일 경우 이 금형 비용이 단위당 가격에 그대로 반영되어 경제성이 떨어집니다.

반면 3D프린팅은 금형 없이 원하는 형상을 바로 출력할 수 있어, 초기 제작비를 크게 줄일 수 있습니다. 제품마다 디자인이 조금씩 달라도 별도의 금형 없이 개별 생산이 가능하므로, 맞춤형 제작에 매우 효율적입니다.

## 설계 변경과 생산의 유연성

맞춤형 제품의 특징은 고객 요구에 맞춰 디자인이 자주 변경된다는 점입니다. 전통적인 제조 방식에서는 설계 변경이 있을 때마다 새로운 공정 설정이나 금형 수정을 거쳐야 합니다. 이에 따른 추가 비용도 발생합니다.

반면 3D프린팅은 디지털 파일을 수정해 바로 출력할 수 있어 설계 변경 비용이 거의 들지 않습니다. 따라서 고객의 요구사항이 변경되더라도 빠르고 경제적으로 대응할 수 있으며, 맞춤형 제품의 실시간 수정을 통해 생산 유연성을 확보할 수 있습니다.

## 작업 공정의 단순화와 후가공 비용 절감

맞춤형 생산에서는 다양한 형상을 가진 제품을 생산할 경우가 많습니다. 기존 방식으로 복잡한 형상을 제작하려면 여러 공정과 조립이 필요해지고, 후가공 비용도 상승할 수 있습니다. 3D프린팅은 복잡한 구조의 제품을 한 번에 출력할 수 있어 별도의 조립이나 추가 가공이 필요 없는 경우가 많아 공정이 단순해지고 후가공 비용이 줄어듭니다. 이러한 공정 단순화는 시간과 비용을 절감하는 데 중요한 역할을 합니다.

## ◎ 소량 생산에서의 단위 비용 절감

맞춤형 생산에서는 주로 소량 생산이 이루어지는데, 기존 제조 방식에서는 소량 생산일수록 단위당 비용이 높아지는 경우가 많습니다. 3D 프린팅 기술은 생산 개수에 관계없이 단위당 비용이 일정하게 유지되므로, 소량 맞춤형 생산에서 비용 절감 효과가 큽니다.

예를 들어 10개의 맞춤형 제품을 주문받았을 때, 기존 방식으로는 고정비가 단위당 비용에 크게 반영됩니다. 하지만 3D프린팅에서는 동일한 디자인으로 출력만 하면 되기 때문에 경제적인 소량 생산이 가능합니다.

## ◎ 재고 비용 절감

맞춤형 생산에서는 주문에 따라 제품이 즉시 필요한 경우가 많습니다. 기존 방식에서는 제품을 미리 대량 생산하여 보관하는 재고 관리가 필요하지만, 3D프린팅을 활용하면 필요한 시점에 필요한 수량만큼만 제작할 수 있어 재고 부담이 거의 없습니다. 이는 재고 관리 비용과 창고 운영 비용을 절감하며, 맞춤형 제품의 경제성을 한층 높여줍니다.

## ◎ 탄소 절감

3D프린팅은 재고 감소와 지역 생산을 통해 탄소 배출을 줄이는 데 기여합니다. 필요한 양만큼만 생산하므로 과잉 생산이 줄어들고, 물류

과정에서 발생하는 운송 거리가 단축됩니다. 또한 자재를 적층 방식으로 쌓아 제작하기 때문에 전통적인 절삭 가공 대비 재료 낭비가 적어 자원 효율성이 높아집니다.

이와 같이 3D프린팅은 환경 부담을 줄이고 경제성을 높이는 일석이조의 효과가 있습니다.

## 7-5. 3D프린팅이 공급망에 미치는 영향은?

3D프린터 구매를 고려한다면, 3D프린팅 기술이 공급망의 유연성과 효율성을 높이는 핵심 도구임을 인식해야 합니다. 3D프린팅 기술을 통해 온디맨드 생산, 분산형 공급망, 맞춤형 제품 대응, 위기 관리, 그리고 제품 개발 기간 단축 등의 이점을 얻을 수 있습니다. 이는 단순히 제조비용을 절감하는 것을 넘어, 기업의 경쟁력을 높이고 고객의 변화하는 요구에 민첩하게 대응할 수 있는 혁신적인 생산 방식이 될 것입니다.

### ● 온디맨드 생산으로 재고 비용 절감

기존 공급망에서 재고 관리는 필수적이지만, 이는 상당한 비용과 창고 공간을 필요로 합니다. 3D프린팅은 온디맨드 방식, 즉 필요할 때마다 생산할 수 있는 유연성을 제공하여 재고 부담을 크게 줄여 줍니다. 예를 들어 부품을 대량으로 미리 생산해 두는 대신, 필요시 빠르게 출력하여 즉시 공급할 수 있습니다. 이를 통해 창고 관리비용과 불필요한 재고 폐기 비용을 줄일 수 있습니다.

## ◦ 분산형 생산 체계를 통한 물류 비용 절감

기존 제조업은 대규모 중앙 집중식 공장에서 제품을 제작하고, 이를 전 세계로 운송하는 방식이 일반적입니다. 그러나 3D프린팅을 활용하면 현지에서 제품을 직접 생산할 수 있어 물류 비용과 시간을 절감할 수 있습니다.

제품이 필요한 현지에서 파일만 전송받아 3D프린터로 출력하면 공급망이 보다 유연해지고, 운송 과정에서 발생하는 위험과 관세의 영향을 줄일 수 있습니다.

## ◦ 설계 변경 및 맞춤형 제품의 신속한 대응

전통적인 제조 방식에서는 제품 설계 변경이 있을 때마다 새로운 공정 설정이나 금형 제작이 필요해 추가 비용이 발생했습니다. 하지만 3D프린팅 기술을 통해 디지털 파일 수정만으로 설계 변경이 가능하며, 맞춤형 제품 역시 손쉽게 생산할 수 있습니다. 이는 고객의 요구에 맞춘 소량 생산에 유리하며, 개별 소비자나 특정 산업의 맞춤화된 니즈를 신속히 반영할 수 있습니다.

## ◦ 위기 상황에서의 공급망 리스크 최소화

팬데믹이나 지정학적 리스크로 인해 글로벌 공급망이 중단될 경우, 3D프린팅 기술은 지역 내 자체 생산을 가능하게 하여 공급망 리스크를 최소화할 수 있습니다. 특히, 필수 부품이나 긴급히 필요한 제품을 빠르게 제작할 수 있어, 생산 공정의 지속성을 보장합니다. 이는 공급망 중단 시의 대안으로 3D프린팅을 고려하는 중요한 이유가 될 수 있습니다.

## 제품 개발 기간 단축을 통한 시장 경쟁력 확보

3D프린팅 기술은 프로토타이핑부터 최종 제품 생산까지의 시간을 크게 단축할 수 있습니다. 새로운 제품 개발 시 반복적인 시제품 제작이 필요한 경우, 3D프린터를 활용하면 빠르게 수정 및 출력할 수 있어 개발 속도가 향상됩니다. 결과적으로 제품을 더 빨리 시장에 내놓을 수 있어 경쟁사 대비 유리한 위치를 확보할 수 있습니다.

## 탄소 절감

3D프린팅은 물류 이동에 따른 탄소 배출을 크게 줄여줍니다. 전통적인 제조 방식에서는 원자재 조달부터 생산, 완제품 유통까지 여러 단계의 운송이 필요합니다. 하지만 3D프린팅은 필요한 장소에서 직접 제품을 생산할 수 있어 운송 거리가 크게 줄어듭니다.

특히 글로벌 공급망에서 발생하는 대륙 간 해상 운송이나 항공 운송에서 소비되는 연료와 발생하는 탄소가 감소합니다. 디지털 파일만 전송하면 현지에서 바로 생산이 가능하므로 물리적 제품의 장거리 이동이 최소화됩니다.

또한 분산형 생산 체계로 인해 완제품의 배송 거리도 줄어듭니다. 소비자와 가까운 곳에서 생산이 이루어지므로 최종 배송 과정에서의 탄소 배출도 감소합니다. 이러한 물류 최적화는 기업의 탄소 발자국을 줄이는 데 직접적인 효과가 있습니다.

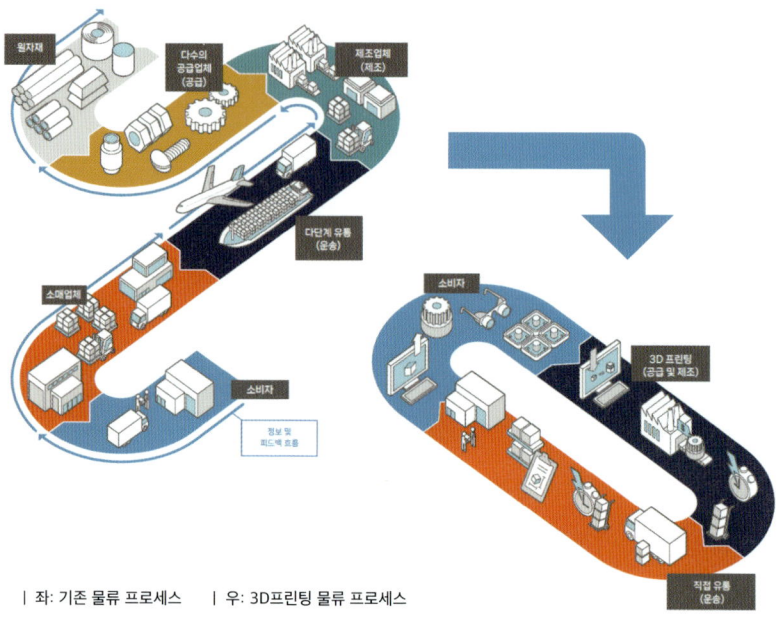

| 좌: 기존 물류 프로세스   | 우: 3D프린팅 물류 프로세스

3D프린팅 기술은 현지화 localization 생산을 통해 공급망 구조를 혁신적으로 바꾸고 있습니다. 기존 제조 방식에서는 원자재 공급, 부품 생산, 조립, 판매가 각각 다른 지역에서 이루어지는 복잡한 구조였습니다. 하지만 3D프린팅은 재료만 보내면 현장에서 바로 부품을 생산하고 조립할 수 있기 때문에 공급망이 크게 단순화되었습니다.

Siemens Mobility는 독일 에를랑겐에 위치한 적층 제조 AM 전문 센터를 중심으로, 유럽과 북미, 러시아 등 전 세계 각지에 3D프린팅 기반 유지보수 및 제조 네트워크를 구축하고 있습니다. 이 네트워크는 철도 부품을 현장에서 직접 생산해 장착하는 '분산 제조' 방식으로 운영되며, 부품을 실물로 보관하는 대신 디지털 파일 형태로 저장해 필요시 가장 가까운 공장에서 3D프린팅으로 즉시 제작하고 활용하는 것이 특징입니다.

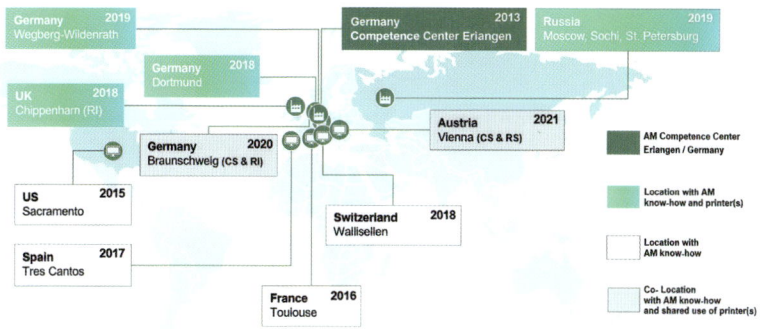

Germany 2019
Wegberg-Wildenrath

Germany 2018
Dortmund

UK 2018
Chippenham (RI)

Germany 2020
Braunschweig (CS & RI)

US 2015
Sacramento

Spain 2017
Tres Cantos

France 2016
Toulouse

Germany 2013
Competence Center Erlangen

Russia 2019
Moscow, Sochi, St. Petersburg

Austria 2021
Vienna (CS & RS)

Switzerland 2018
Wallisellen

AM Competence Center
Erlangen / Germany

Location with AM
know-how and printer(s)

Location with
AM know-how

Co- Location
with AM know-how
and shared use of printer(s)

| Siemens Mobility Global Network

이러한 지역 제조 방식은 부품의 운송 거리를 줄여 물류 비용을 크게 절감할 수 있으며, 다양한 공급업체에 대한 의존도를 낮춰 공급망의 복잡성을 줄여줍니다. 또한 현장 중심 생산은 납기 단축과 함께 제조 업체의 탄소 발자국도 줄여주어 환경적으로도 긍정적인 효과를 가져 옵니다. 글로벌 물류 불확실성이 증가하는 현재, 이러한 분산형 생산 시스템은 공급망의 독립성을 확보하고 사내 제조 수요에 대응하는 전략으로 주목받고 있습니다.

| 3D프린팅 부품을 직접 생산해서 적용하는 지멘스의 사례

조선 및 해양 분야에서도 3D프린팅의 이점이 뚜렷하게 나타나고 있습니다. 선박이 전 세계를 운항하는 동안 필요한 부품 공급이 큰 과제였으나, 이제는 디지털 파일로 부품 정보를 저장해두고 필요시 가까운 공장에서 생산해 신속하게 납품할 수 있습니다.

이러한 이유들 때문에 미국을 비롯한 여러 국가들이 3D프린팅 기술을 국가 차원에서 전략적으로 육성하는 것입니다.

## 7-6. 3D프린팅 기술 투자의 ROI 계산 및 평가 기준은?

### ROI (Return on Investment)

ROI(투자 대비 수익률)는 기술이나 자산에 대한 투자를 통해 얼마나 많은 수익이나 효율을 얻었는지 평가하는 대표적인 경제성 지표입니다. 단순히 '투자한 금액보다 얼마나 더 벌었는가?'를 보는 것이 아니라, 투자가 얼마나 효과적이었는지 종합적으로 판단하는 데 중심을 둡니다.

특히 3D프린팅의 ROI를 평가하려면 비용 측면뿐 아니라 시간, 유연성, 기술적 우위 등 여러 요소를 함께 고려해야 합니다.

### 투자 (Investment)

#### ◉ 설비 투자비

3D프린팅을 도입하려면 프린터, 소프트웨어, 교육, 설치 비용 등 초기 비용이 필요합니다. 이를 고정비와 변동비로 구분하여 평가합니다.

3D프린팅의 경우 기계와 소프트웨어 설치 비용이 초기 비용의 대부분을 차지합니다.

## 운영 비용

일상적인 운영에 필요한 재료비, 전력 소비, 유지보수 비용 등을 포함합니다. 3D프린팅은 소량 생산에 유리하지만 일부 고급 소재나 프린팅 시간에 따라 운영 비용이 달라질 수 있습니다.

### 효과 (Return)

## 시간 절감

3D프린팅 기술은 기존 방식에 비해 생산 시간을 단축할 수 있습니다. 이를 통해 납기 준수와 빠른 시장 출시가 용이해지고, 그 결과 기회비용을 줄일 수 있습니다. 예를 들어 디지털 파일을 이용한 직접 생산은 금형 제작 시간을 없애 주며, 반복적인 설계 수정에도 유리합니다.

## 생산 단가 비교

기존 제조기술에는 금형 제작 비용이 포함됩니다. 하지만 3D프린팅 기술은 재료비가 상당 부분을 차지합니다. 일반적으로 대량 생산에서는 기존 제조 방식이 유리할 수 있습니다. 이미 구축된 금형과 자동화된 공정이 있기 때문입니다. 반면 3D프린팅은 소량 다품종 생산에 매우 유리한 구조를 가집니다. 금형 없이 제품을 자유롭게 출력할 수 있어 제품 수가 적을수록 단가 경쟁력이 높아질 수 있습니다.

## ◉ 부가적인 효과 분석

3D프린팅은 단순히 제조를 빠르게 하는 것에서 끝나지 않습니다. 기존 방식으로는 구현하기 어려운 기능과 성능을 실현할 수 있다는 점에서 강력한 기술적 우위를 제공합니다. 예를 들어 다음과 같은 장점이 있습니다.

- 복잡한 냉각 채널 구조를 자유롭게 설계해 **냉각 성능을 극대화할 수 있습니다.**
- 제품 경량화를 통해 **에너지 효율을 높이고 탄소 배출을 줄일 수 있습니다.**
- 고객 맞춤형 제품(예: 신발, 안경 등)을 **빠르게 생산할 수 있습니다.**

이러한 요소들은 기존 기술로는 달성하기 어려운 가치를 실현하며 새로운 수익 창출 기회를 제공합니다.

## 최종 분석

3D프린팅 기술의 ROI는 다양한 요소를 포함해야 합니다. 생산 리드타임 단축, 설계 자유도 확보, 공급망 리스크 감소, 맞춤형 생산을 통한 소비자 만족도 향상 등은 모두 정량화하기 어려운 지표입니다. 하지만 기업의 중장기 경쟁력을 높이는 데 핵심적인 요소들입니다.

따라서 ROI를 평가할 때는 다음과 같은 질문들을 함께 고려해보는 것이 좋습니다.

- 이 기술을 통해 제품 개발 시간이 얼마나 단축되었는가?
- 제품 개발 시 의사소통 효과를 높일 수 있는가?
- 대량 생산이 아닌 경우에도 단가 경쟁력을 확보할 수 있는가?

*- 기존에는 불가능했던 제품이나 성능을 구현할 수 있는가?*

*- 공급망 및 재고 관리 측면에서 의미 있는 변화가 있었는가?*

이러한 질문들을 통해 3D프린팅 기술이 제조 전략과 혁신의 전환점이 되었는지 확인할 수 있습니다.


## 7-7. 3D프린팅 서비스의 활용은?

3D프린팅 서비스 비즈니스 모델은 고객이 직접 3D프린터를 소유하지 않고도 원하는 제품을 주문 제작할 수 있게 합니다. 맞춤형 제작, 초기 투자 절감, 다양한 소재와 기술 활용, 디지털 기반 주문 처리, 재고 부담 최소화, 환경적 이점, 새로운 비즈니스 기회 창출 등 다양한 장점을 제공합니다. 이는 소량 생산과 프로토타이핑에 최적화된 솔루션으로, 개인부터 기업까지 다양한 고객층에게 경제적이고 효율적인 제작 방식을 제공합니다.


### ◦ 맞춤형 제작 서비스 제공

3D프린팅 서비스는 고객이 디자인 파일을 제공하거나 수정하여 독특한 제품을 제작할 수 있습니다. 의료용 보철기, 패션 아이템, 취미용 부품 등 다양한 맞춤형 제품을 소량으로 제작할 수 있어 개인화된 제품을 원하는 고객에게 적합합니다.


### ◦ 고가의 초기 투자 비용 절감

3D프린터는 구입 비용과 유지관리 비용이 높은 편입니다. 하지만 3D

프린터를 구입하는 대신 전문업체의 서비스를 이용할 수 있습니다. 직접 장비를 구매하지 않고도 필요할 때만 제품을 주문할 수 있는 것입니다. 이러한 방식을 이용하면 고성능 산업용 프린터도 활용할 수 있습니다.

## ◎ 다양한 소재와 기술 활용

3D프린팅 서비스는 금속, 플라스틱, 나일론 등 다양한 소재와 FDM, SLA, SLS 등의 다양한 기술을 제공합니다. 고객은 용도와 예산에 맞는 최적의 옵션을 선택할 수 있습니다.

## ◎ 소량 생산 및 프로토타이핑 최적화

3D프린팅은 소량 생산과 프로토타이핑에 적합합니다. 고객은 초기 비용 없이 아이디어를 빠르게 테스트할 수 있으며, 스타트업이나 소규모 창업자에게 유리합니다.

## ◎ 디지털 파일 기반 주문 및 원격 서비스

온라인 3D프린팅 플랫폼에서 쉽게 주문하고 전 세계 어디서나 제품을 받을 수 있습니다. 디지털 파일을 통해 주문이 처리되기 때문입니다. 이러한 방식은 물리적 거리의 제약을 줄이고, 디지털 방식으로 주문을 관리할 수 있게 해줍니다.

## ◎ 비용 효율적 재고 관리와 환경적 이점

3D프린팅은 필요한 만큼만 제작하여 재고 부담을 줄입니다. 온디맨드 방식으로 낭비를 최소화하며, 환경적으로도 긍정적인 영향을 미칩니다.

## 제품 다양화와 새로운 사업 기회 창출

3D프린팅은 부품 제작부터 맞춤형 제품까지 다양한 분야에 적용 가능합니다. 의류, 자동차, 전자제품 등 다양한 산업에서 커스터마이징된 부품을 제작하며, 대량 생산과 차별화된 경쟁력을 제공합니다.

## 7-8.  3D프린팅 도입 시 제조업체의 고려사항은?

3D프린팅 기술을 도입하려는 제조업체는 활용 목적과 생산 환경, 인력 교육 등 다양한 측면에서 전략적으로 접근해야 합니다.
다음은 도입 시 반드시 검토해야 할 주요 항목들입니다.

## 비용 대비 효과 분석

3D프린팅 기술을 도입할 때는 초기 장비 비용, 유지 관리 비용 등을 고려해 비용 대비 효과 [ROI]를 신중하게 분석해야 합니다. 특히 대량 생산에 적합한 기술인지, 개별 부품당 10,000개 이하의 소량 맞춤형 생산에 적합한지 등을 검토하여 투자가치와 수익성을 평가해야 합니다. 그리고 3D프린팅 기술이 제공하는 다양한 특수 효과에 따른 생산성 증대를 감안할 필요가 있습니다. 이때 특수 효과는 생산 리드타임 단축, 설계 자유도 확보, 공급망 리스크 감소, 맞춤형 생산을 통한 소비자 만족도 향상 등을 의미합니다.

## 적합한 재료 선택

3D프린팅 기술이나 장비에 따라 사용할 수 있는 재료가 다릅니다. 각 재료가 가지는 물리적 특성과 비용 또한 상이합니다. 제품의 성능, 내구

성, 열 저항성 등 요구 사항에 맞는 재료를 고려하여 선택해야 합니다. 항공 우주나 자동차 부품 제조 시에는 내구성과 열 저항성이 강한 금속 재료가 요구됩니다. 반면 의료 분야에서는 생체 적합성을 갖춘 재료가 필요합니다.

## 기술 수준과 장비 성능 평가

3D프린터의 출력 속도, 정밀도, 내구성 등 장비의 성능을 평가해야 합니다. 제품의 품질과 생산 효율에 적합한 기술을 선택해야 합니다. 특히 대규모 생산이 필요한 경우에는 속도와 정밀도, 불량률, 사용 용이성 모두가 중요한 요소입니다.

## 인력과 기술 교육 필요성

3D프린팅을 성공적으로 운영하기 위해서는 전문 인력과 교육 프로그램이 필요합니다. 장비를 다룰 수 있는 숙련된 인력과 3D모델링 소프트웨어 사용에 대한 교육이 필수적입니다. 기술 활용을 극대화하기 위해 관련 인재 육성 및 기술 교육에 대한 계획도 고려해야 합니다.

## 품질 관리와 안전성 확보

3D프린팅의 특성상 제품 품질과 안전성에 대한 관리가 중요합니다. 이를 위해 제품 품질 관리와 안전성 테스트를 위한 시스템을 구축해야 합니다. 출력물의 일관성과 신뢰성을 확보할 수 있도록 제조 공정에서 품질을 관리해야 합니다.

### 안정적인 유지보수의 필요성

산업용 장비의 도입은 끝이 아니라 운영의 시작입니다. 특히 기업, 대학, 연구기관에서 사용하는 고가의 장비는 정기적인 유지보수와 신속한 대응 체계가 매우 중요합니다. 따라서 단순히 장비만을 보고 선택하기보다는, 유지보수를 담당할 업체의 전문성, 대응 능력, 신뢰도를 함께 검토해야 합니다. 경험이 풍부하고 안정적인 업체를 선택할 경우 장비의 성능을 오래 유지할 수 있으며, 예상치 못한 고장이나 업무 중단을 예방할 수 있습니다.

### 공급망 통합과 물류 관리

3D프린팅을 기존 생산 공정에 통합하기 위해서는 공급망과 물류 관리 체계를 재검토해야 합니다. 3D프린팅을 도입하여 현장에서 필요한 부품을 즉시 생산할 수 있게 되면 재고가 줄어듭니다. 제품 관리의 효율성이 높아지기 때문입니다. 이러한 변화에 맞춰 공급망 관리 방식을 유연하게 적용할 필요가 있습니다.

### 3D프린팅 기술 도입에 대한 접근 방식

기술 도입 방식은 기업의 현재 상황과 목적에 따라 세 가지 유형으로 구분할 수 있습니다.

표150. **총 비용 절감 분석**

| 분류 | 내용 |
|---|---|
| **지식 기반**<br>Lecture-based<br>**접근** | - 3D프린팅의 기술적 특성과 장단점 이해를 바탕으로 도입<br>- 시제품 제작비 절감, 소량 생산 등 즉각적인 효과가 기대되는 분야에 우선 적용<br>- 실무에 바로 활용 가능한 영역 중심의 빠른 도입 전략 |
| **문제 기반**<br>Problem-based<br>**접근** | - 리드타임 단축, 긴급 부품 생산, 공급망 불안 해소 등<br>- 기존 제조 방식으로 해결이 어려운 문제를 보완하기 위한 실용적 도입<br>- 실질적인 문제 해결 수단으로 3D프린팅을 활용 |
| **프로젝트 기반**<br>Project-based<br>**접근** | - 항공·자동차 경량화, 의료 분야 맞춤형 수술, 국방·조선 분야 MRO 부품 생산 등<br>- 장기적 관점에서 고도화된 기술을 적용하는 전략적 프로젝트 추진<br>- 기업의 차별화된 경쟁력 확보를 위한 기술 투자 방식 |

## 7-9. 3D프린팅 방식 선정 기준은?

시제품 또는 제품을 양산할 때 3D프린팅, CNC 가공, 사출성형 중 어떤 제조 방식을 선택할지는 생산 물량, 설계 복잡성, 비용 효율성, 재료 특성, 정밀도 등 여러 기준을 고려해야 합니다.

### 생산 물량 기준

#### ○ 3D프린팅

소량 생산과 시제품 제작에 적합합니다. 금형이 필요 없기 때문에 초기 비용이 낮으며, 다품종 소량 생산에서 유리합니다. 대량 생산 시에는 작은 부품 생산에 적합하며, 대형 파트의 경우 대량 생산의 경우 적층 시간이 걸려 생산 시간이 길어질 수 있습니다.

## CNC 가공

중소량 생산에 적합하며, 대량 생산에서는 생산 효율이 떨어질 수 있습니다. 금형이 필요하지 않으므로 초기 비용 부담이 적지만, 절삭 공정 기반이기 때문에 대량생산 시 비용 효율이 떨어질 수 있습니다.

## 사출성형

대량 생산에 최적화된 방식입니다. 금형 제작 후 반복적인 생산이 가능하여 개당 생산 비용이 낮아지고, 생산 속도가 매우 빠릅니다. 다만 초기 금형 제작 비용이 높아 소량 생산에서는 비효율적입니다.

## 설계 복잡성 및 자유도 기준

## 3D프린팅

복잡하고 유기적인 형상, 내부 격자 구조, 다공성 구조 등 자유로운 설계가 가능하여 제품 설계의 유연성이 큽니다. 금형이 필요하지 않아 복잡한 형상을 손쉽게 구현할 수 있습니다.

## CNC 가공

공구가 접근할 수 있는 범위 내에서 설계가 가능하므로, 설계에 일정한 제약이 따릅니다. 곡면과 같은 복잡한 형상보다는 각진 형상이나 단순한 디자인이 유리합니다.

## 사출성형

금형을 기반으로 하기 때문에 설계가 단순하고 반복적인 형태에서 효율적입니다. 복잡한 형상일 경우 금형 제작이 어렵고 비용이 많이 들어간다는 단점이 있습니다.

## 초기 비용과 생산 비용 기준

### ○ 3D프린팅

금형이 필요하지 않아 초기 비용이 낮으며, 설계 변경 시 파일만 수정하면 되므로 비용 효율적입니다. 다만, 대량 생산 시 단위 비용이 높아질 수 있습니다.

### ○ CNC 가공

초기 비용이 금형 제작 방식보다 낮으나, 절삭 공정에 사용되는 도구의 마모와 재료 소모가 발생합니다. 생산 규모가 커질수록 비용 효율은 떨어집니다.

### ○ 사출성형

초기 금형 제작 비용이 높지만, 일단 금형이 제작되면 대량 생산에서 개당 생산 비용이 매우 낮아져 대량 생산에 경제적입니다.

## 재료 특성과 내구성 기준

### ○ 3D프린팅

다양한 재료를 사용할 수 있지만 재료 특성과 내구성 면에서는 사출성형보다 제한적일 수 있습니다. 특히 고강도와 내열성을 요구하는 산업에서는 재료의 가격이 높을 수 있습니다.

## CNC 가공

금속, 플라스틱 등 다양한 고강도 재료를 가공할 수 있어 내구성이 중요할 때 적합합니다. 특히 금속 부품 제작에서 강점을 보이며, 고정밀이 요구되는 부품 제작이 가능합니다.

## 사출성형

플라스틱과 같은 열가소성 재료를 주로 사용하며, 내구성 있는 부품제작이 가능합니다. 또한 재료의 물리적 성질이 균일하여 강도가 필요한 제품 제작에 유리합니다.

## 정밀도와 표면 마감 기준

### 3D프린팅

적층 방식으로 인해 레이어가 남아 표면 마감이 다소 거칠 수 있으며, 고정밀이 요구될 경우 후처리가 필요할 수 있습니다.

### CNC 가공

매우 높은 정밀도와 매끄러운 표면 마감을 구현할 수 있어 정밀 부품에 유리합니다. 특히 기계적 정밀도가 중요한 금속 부품에서는 CNC가공이 선호됩니다.

### 사출성형

금형을 통해 높은 정밀도와 매끄러운 표면 마감을 구현할 수 있습니다. 대량 생산 시에도 일관성 있는 품질을 유지할 수 있어 완성된 부품 생산에 적합합니다.

## 설계 변경 유연성 기준

### ⊙ 3D프린팅

설계 파일만 수정하면 되므로 설계 변경에 매우 유연하며, 빠르게 적용할 수 있어 시제품 제작과 초기 개발 단계, 설계 변경이 자주 발생하는 부품 등에 적합합니다.

### ⊙ CNC 가공

설계 변경 시 툴 경로를 재설계하고 프로그램을 수정해야 하므로, 3D프린팅에 비해 변경에 시간이 소요될 수 있습니다.

### ⊙ 사출성형

설계 변경 시 금형을 다시 제작해야 하므로 비용과 시간이 많이 필요합니다. 대량 생산 단계에서 설계 변경이 어려운 단점이 있습니다.

이상의 내용을 요약하면 다음과 같습니다.

표151. 3D프린팅과 CNC 가공, 사출성형의 비교 분석

| 분류 | 내용 |
|---|---|
| 3D프린팅 | - 복잡한 형상, 빈번한 설계 변경, 소량·다품종 생산에 적합<br>- 시제품 제작, 소형 부품, 맞춤형 제품 제작에 강점 |
| CNC 가공 | - 고정밀 가공이 필요한 중소량 금속 부품 생산에 적합<br>- 고강도 재료와 정밀도가 중요한 부품에 효과적 |
| 사출성형 | - 대량 생산에 적합하며 일관된 품질 확보와 단가 절감 가능<br>- 금형 제작이 필요해 초기 비용은 높지만, 대량 생산 시 경제적 |

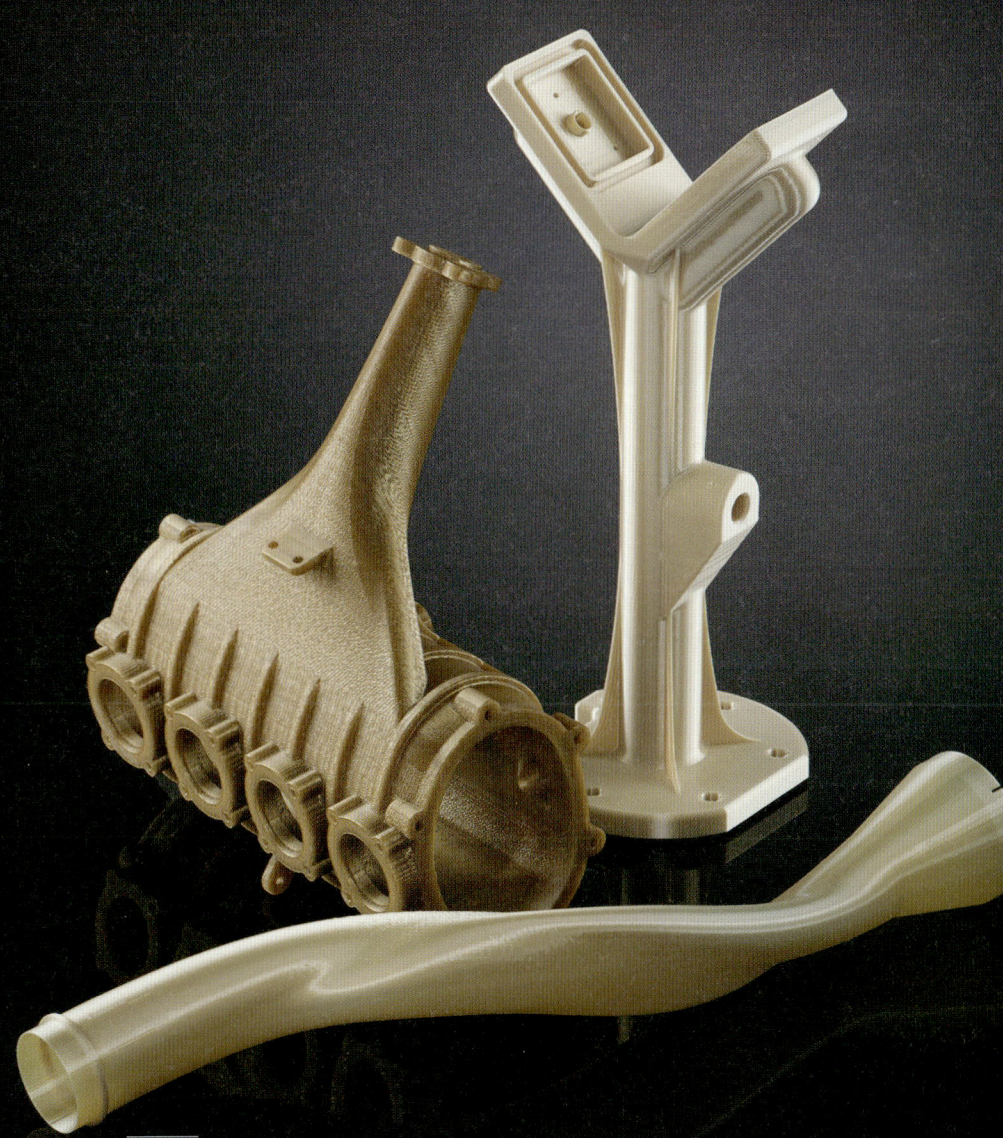

# 8. 지속가능성 및 환경 영향: 친환경 디지털 제조

# 8. 지속가능성 및 환경 영향: 친환경 디지털 제조

## 8-1. 3D프린팅 기술을 통한 제조 공정의 낭비 절감 방법은?

3D프린팅 기술은 제조 공정에서 재료와 에너지 낭비를 줄이며, 효율성을 높이는 몇 가지 중요한 방법을 제공합니다. 다음은 3D프린팅이 낭비를 줄이는 주요 방법들입니다.

### ● 재료 사용의 최적화(필요한 만큼만 사용)

3D프린팅은 재료를 한 층씩 쌓아 올리는 방식이기 때문에, 필요한 부분에만 재료를 사용하여 불필요한 낭비를 줄일 수 있습니다. 절삭 가공과 달리 재료를 깎아내지 않으므로 재료의 손실이 거의 없습니다.

**필요한 만큼의 금속 분말 사용으로 부품 제작 사례**

*금속 3D프린팅은 필요한 만큼의 금속 분말만 사용하여 부품을 정밀 제작*

*→ 절삭 가공 방식에 비해 여분의 금속 조각이나 스크랩이 거의 발생하지 않아 재료 낭비 최소화*

## 복잡한 형상의 일체형 제작

복잡한 부품을 하나의 프로세스로 제작할 수 있습니다. 그 결과 여러 부품을 조립하는 공정이 줄어들어 자재와 에너지를 절약할 수 있습니다. 특히 구조적으로 복잡한 형상의 부품을 제작할 때, 조립 공정을 간소화하여 재료와 시간을 절감해 줍니다.

### 일체형 항공기 부품 제작 사례

항공기 부품을 3D프린팅으로 일체형으로 제작

→ 조립 공정이 생략되어 별도 고정장치, 볼트 등의 추가 재료와 에너지 절감

→ 경량화와 함께 제조 효율성까지 향상

## 라티스 구조와 같은 경량화 설계 지원

내부를 비우거나 라티스 <sup>lattice</sup> 구조를 적용함으로써, 무게를 줄이면서도 강도를 유지할 수 있게 해줍니다. 이러한 경량화는 생산 시의 자재 사용과 에너지 소모를 줄여줍니다.

### 라티스 구조 적용 사례

항공기 또는 자동차 부품에 라티스 구조를 적용

→ 재료 사용량을 20~30% 절감하고 부품 무게를 경량화

→ 운송 및 사용 단계에서 에너지 효율 향상에 기여

## 소량 맞춤형 생산으로 재고 낭비 감소

필요한 때에 필요한 수량만큼 생산할 수 있어 과잉 생산으로 인한 재고 낭비를 줄입니다. 특히 소량 맞춤형 제품을 즉각적으로 생산할 수 있어 소비자 요구에 맞춰 생산량을 조절할 수 있습니다. 이는 불필요한 재고와 자재 낭비를 감소시킵니다.

환자 맞춤형 의료기기 부품을 주문 즉시 제작하여 공급

→ 표준화된 대량 생산 방식 대비 재고 비용과 자원 낭비를 줄일 수 있음

## 현장 생산을 통한 물류 에너지 절감

현장에서 바로 부품을 제작할 수 있어 장거리 물류에 소요되는 비용과 에너지를 절감할 수 있습니다. 필요할 때, 필요한 장소에서, 필요한 부품을 직접 생산함으로써 물류 및 운송 과정에서 발생하는 환경 오염과 낭비를 줄일 수 있습니다.

**산업 현장에서 부품 제작 사례**

우주 탐사 및 원격지 산업 현장에서 부품을 현장 제작

→ 부품 조달 없이 재료만으로 생산 가능하여 물류 및 운송 에너지 절감

## 재사용 가능한 자재 순환으로 지속가능성 확보

3D프린팅의 강점 중 하나는 재료의 순환 사용이 가능하다는 점입니다. 특히 특정 기술에서는 서포트 제거 후 남는 재료를 재가공·재사용할 수 있게 해주는 프로그램이 운영되고 있습니다. 이를 통해 제조 공정에서의 자원 낭비를 줄이고 순환 경제 체계를 구축하는 데 기여하고 있습니다.

**분말 재활용 솔루션 제공**

*Stratasys의 SAF ReLife™* 프로그램은 분말 재활용 솔루션을 제공

→ PA12 분말을 고품질 부품 제작에 재활용 가능

→ 기존에는 출력 후 남은 분말을 폐기하거나 제한된 용도로만 활용했지만, 이제는 효과적으로 재활용 가능

## 8-2. 지역 생산과 분산 제조를 통한 에너지 절감 방안은?

3D프린팅 기술은 제조 공정을 '집중화된 대형 공장'에서 '분산된 소규모 생산 네트워크'로 전환할 수 있게 해줍니다. 이러한 지역 생산 및 분산 제조 방식은 에너지 효율을 높이고, 공급망의 탄력성을 강화하며, 환경 부담을 줄이는 데 기여합니다.

### ◉ 물류 및 운송 에너지 절감

중앙 집중형 생산에서 발생하는 장거리 운송은 막대한 에너지 소비와 탄소 배출을 유발합니다. 3D프린팅을 활용한 분산 제조는 소비지 근처에서 직접 생산이 가능하므로, 운송 거리와 횟수를 줄여 물류 단계에서의 에너지 낭비를 줄일 수 있습니다.

#### 긴급 부품 직접 출력 사례

의료 분야에서는 긴급 부품을 병원 인근 프린팅 센터에서 직접 출력
→ 신속한 대응이 가능하며, 물류 비용 절감 효과도 동시에 달성

### ◉ 온디맨드(On-Demand) 지역 생산

지역 생산 기반에서 필요한 수량만 즉시 제조할 수 있어, 대량 생산에 따른 과잉 재고와 관련된 에너지 및 자원 낭비를 최소화할 수 있습니다.

#### 스타트업의 지역 생산 사례

소비자 맞춤형 제품을 제공하는 스타트업들은 주문 후 각 지역의 프린팅 파트너를 통해 생산 진행
→ 글로벌 물류 과정을 생략하여 운송 비용과 시간을 절감

## ◎ 제조 에너지의 지역화로 인한 효율 상승

지역 기반의 소규모 제조 시설은 에너지 사용의 실시간 제어와 친환경 전력 활용이 용이합니다. 예를 들어 재생에너지 기반의 소규모 공장이 3D프린팅으로 생산할 경우, 탄소 배출을 효과적으로 줄일 수 있습니다.

### 태양광 전력으로 운영하는 사례

일부 유럽 국가에서는 마이크로 팩토리를 태양광 전력으로 운영

→ 분산 제조와 재생 에너지를 결합해 지속 가능한 제조 시스템을 실현

## ◎ 재난 및 공급망 위기 대응력 강화

코로나19 팬데믹이나 기후 변화로 인한 물류 마비 상황에서도, 분산 제조는 지역 단위로 독립적인 생산이 가능합니다. 이로 인해 위기 상황에서도 안정적인 제품 공급이 가능합니다. 또한 응급 상황에 필요한 제품을 빠르게 대응 제작할 수 있습니다.

### 물류 마비 상황 시 부품 출력 사례

팬데믹 초기, 각국의 지역 프린터 운영자들이 마스크 밸브와 페이스쉴드 부품을 자발적으로 출력

→ 공급망 공백을 신속하게 보완하며 분산 제조의 유연성과 대응력을 입증

## 8-3. 에너지 효율 극대화를 위한 3D프린팅 제품 설계 방법은?

3D프린팅은 기존 제조 공정의 한계를 뛰어넘어 설계, 제조, 사용 단계에서 에너지 효율을 극대화할 수 있는 기술입니다. 단순한 자

원 절약을 넘어, 최적화된 설계와 고급 기술을 통해 생산성 향상과 에너지 절감을 동시에 실현합니다.

또한 설계의 유연성, 고급 소재 활용, 제조 공정의 단순화를 통해 현대 제조기술의 핵심으로 자리잡아 가고 있습니다. 이러한 변화는 지속 가능한 제조 환경을 만들고 에너지 절약형 산업 구조로의 전환을 가능하게 합니다.

## 설계 단계에서의 에너지 효율 극대화

### ⊙ Generative Design 및 Topology Optimization 활용

이 기술들은 AI와 소프트웨어를 사용해 강도와 안정성을 유지하면서 재료 사용량과 제품 무게를 줄이는 최적화 설계를 제공합니다.

**제품 무게를 줄이는 최적화 설계 사례**

*GE는 3D프린팅을 활용해 항공기 연료 노즐을 경량 설계*

*→ 부품 무게 감소로 연료 소비를 약 15% 절감*

### ⊙ 3D프린팅 고유의 설계 자유도

기존 제조 공정에서는 구현할 수 없었던 복잡한 격자형 내부 구조나 비대칭 디자인을 통해 에너지 효율을 극대화할 수 있습니다.

**에너지 효율을 극대화 사례**

*- 냉각 장치, 열교환기 등 에너지 효율이 중요한 기계 부품에 활용*

*- 복잡한 유로 설계 및 열전달 성능 개선에 효과적*

### ⊙ 부품 수 통합(부품 수 최소화 혹은 일체화)으로 에너지 낭비 방지

기존의 조립형 구조를 하나의 출력물로 통합 설계함으로써, 조립 공정에서 발생하는 에너지 소비와 시간 낭비를 효과적으로 줄일 수 있다.

### 일체형 부품으로 통합 제작 사례

*GE 항공기 엔진 연료 노즐은 기존에 20개의 부품으로 조립되었으나*

*→ 3D프린팅을 통해 하나의 일체형 부품으로 통합 제작 가능*

## 제조 공정에서의 에너지 효율성

### ◉ 금형 제작 없는 프로세스

기존 공정에서는 금형 제작과 유지 관리에 많은 에너지가 소비되었습니다. 하지만 3D프린팅은 금형이 필요 없어 초기 에너지 사용량을 크게 줄여줍니다.

### ◉ 출력 실패율 최소화

출력 전에 시뮬레이션 소프트웨어를 활용하면, 제조 과정에서 발생할 수 있는 실패율을 줄이고 불필요한 재료와 에너지의 낭비를 효과적으로 절감할 수 있다.

### 시뮬레이션으로 에너지 소비 절감 사례

*Siemens는 디지털 트윈 기술을 활용해 실제 제조 환경을 가상으로 시뮬레이션*

*→ 에너지 소비를 약 30% 절감하는 효과 달성*

### ◉ 온디맨드 생산(On-Demand Manufacturing)

필요한 시점에 필요한 만큼만 출력할 수 있기 때문에, 대량 생산과 과잉 재고 관리로 인해 발생하는 에너지 낭비를 줄일 수 있다.

## 에너지 절감을 위한 소재 활용

### 고성능 소재를 통한 에너지 효율 극대화

열전도성 소재(알루미늄 합금, 나노복합 소재)를 활용하여 방열판, 히트 싱크 설계를 최적화할 수 있습니다.

**히트 싱크 설계를 최적화 사례**

*전자기기 방열판을 3D프린팅으로 최적 설계하여 냉각 효율 향상*

*→ 전력 소비를 낮추고 장비 수명과 성능 안정성 개선*

### PLA 및 생분해성 바이오 기반 소재

PLA와 같은 친환경 소재는 제조 공정에서 화석 연료에 대한 의존도를 낮춥니다. 폐기 후에는 자연 분해가 가능합니다. 이를 통해 제품의 전체 수명 주기에서 에너지 소비와 환경 부담을 줄이는 데 기여합니다.

### 복합소재의 활용성

3D프린팅용 복합소재는 경량성과 강도를 동시에 제공합니다. 이는 항공기나 자동차 부품의 에너지 소비를 줄이는 데 적합합니다. 탄소섬유 강화 소재 등은 무게를 줄이면서도 높은 성능을 유지합니다. 이를 통해 제조 효율과 에너지 절감에 기여합니다.

## 사용 단계에서 에너지 소비 감소

### 복잡한 내부 구조 설계

3D프린팅은 복잡한 내부 채널과 격자 구조를 정밀하게 구현할 수 있습니다. 이를 통해 열과 공기 및 유체의 흐름을 최적화합니다. 냉각 효율과 에너지 절감 효과를 높일 수 있습니다. 제품의 운영 비용과 탄소

배출 감소에도 기여합니다.

### 전력 소비 절감, 열관리 효율 개선 사례

*냉각 장치의 내부 채널을 3D프린팅으로 최적화 설계*

*→ 전력 소비를 약 20% 절감하고 열관리 효율을 개선*

## 제품 수명 연장

맞춤형 유지보수 부품을 3D프린팅으로 제작하면 제품의 손상 부위만 수리할 수 있기 때문에 전체 제품을 교체할 필요가 없습니다. 따라서 제품 수명을 연장하고, 잦은 교체로 인한 에너지 소비와 자원 낭비를 줄이는 데 효과적입니다.

## 8-4. 3D프린팅 폐기물 관리와 재활용 방안은?

3D프린팅은 전통적인 절삭 가공 방식과 비교할 때 자재 낭비가 상대적으로 적은 기술입니다. 그러나 출력 실패물, 서포트 구조, 불완전한 결과물 등으로 인해 폐기물이 전혀 발생하지 않는 것은 아니며, 이러한 폐기물을 효과적으로 관리하고 재활용하는 것은 3D프린팅의 지속가능성을 높이는 핵심 과제 중 하나입니다.

## 폐기물 관리의 현재 과제

## 출력 실패물

설계 오류, 재료 설정 미흡, 온도·습도 등 환경 요인에 따라 출력이 정상적으로 진행되지 않을 경우 실패물이 발생합니다. 이는 특히 대형 부품이나 정밀도가 요구되는 출력물에서 더 큰 낭비로 이어질 수 있습니다.

## 서포트 구조

복잡한 형상의 부품을 출력할 때, 일정한 각도 이상에서는 지지 구조물이 필요합니다. 이 서포트 구조는 출력 후 제거되며 재활용이 어려운 경우가 많아 재료가 버려질 수 있습니다.

## 재료의 물성 한계

특히 SLA, DLP 등에서 사용하는 액상 레진은 재활용이 어렵고, 일부는 유독성 물질을 포함하고 있어 폐기 시 별도의 처리 기준이 필요합니다.

## 재료 재사용 기술

## FDM 방식의 필라멘트 재생

PLA, ABS 등 열가소성 플라스틱을 사용하는 FDM 출력물은 파쇄 후 재가공하여 재생 필라멘트로 다시 사용할 수 있습니다. 일부 기업은 폐출력물이나 서포트를 회수해 재생 원료로 공급하는 체계를 운영하고 있습니다.

## SAF, SLS 방식의 파우더 재활용

SAF(분말 소결 방식), SLS(선택적 레이저 소결) 기술에서는 출력 후 남은 파우더를 일정 비율까지 재활용할 수 있습니다. 다만, 재료 특성상 100% 재사용은 어렵고, 신선한 파우더를 일정 비율 혼합해야 품질을 유지할 수 있습니다.

### 미사용 파우더 회수 후 재활용 사례

*SAF 및 SLS 기술에서는 미사용 파우더를 회수하여 재활용 가능*

*→ 품질 유지를 위해 신선한 파우더를 일정 비율로 혼합하여 사용*

### ◎ 환경 친화적인 재료 사용

생분해성 소재: PLA와 같은 바이오 기반 플라스틱은 생분해가 가능해 폐기물 관리 부담을 줄입니다.

#### 재활용 PET병을 활용한 3D프린팅 필라멘트

*재활용 PET병을 활용한 3D프린팅 필라멘트가 상용화됨*

*→ 플라스틱 폐기물 감축과 함께 순환 경제 실현에 기여*

## 폐기물 관리와 재활용이 가져올 미래적 변화

### ◎ 순환 경제

3D프린팅 공정에서 발생하는 폐기물의 재활용 기술이 발전함에 따라, 사용한 재료를 다시 원료로 활용하는 순환 경제 구조로의 전환이 점차 확대되고 있습니다. 이는 자원의 낭비를 줄이고 지속가능한 제조 기반 마련에 기여할 수 있습니다.

### ◎ 환경적 책임 강화

정부의 환경 규제 강화와 친환경 기술 개발에 따라, 3D프린팅 기업들도 폐기물 관리와 재활용 체계 구축에 적극 나서고 있습니다. 이는 제조업 전반의 환경적 책임을 높이는 방향으로 이어지고 있습니다.

# 9. 디지털 제조 시대의 미래 전망과 교육

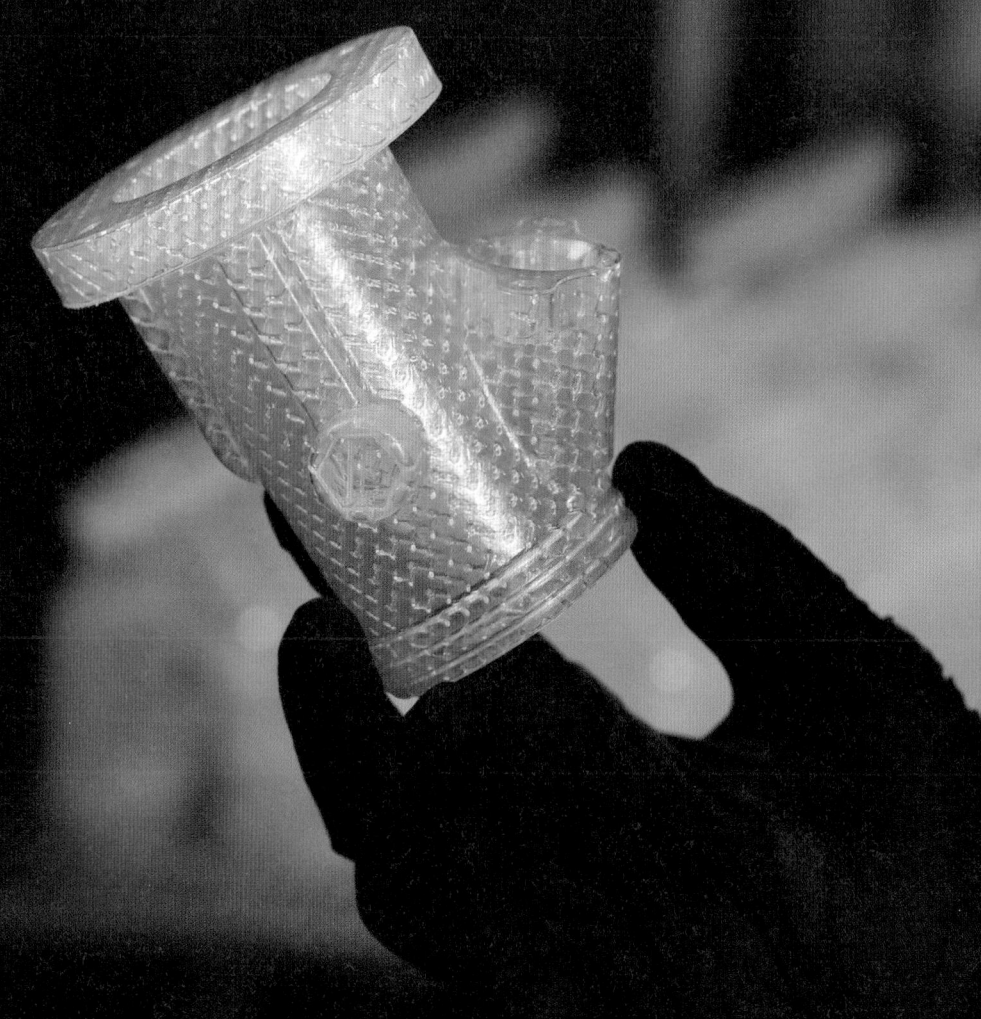

# 9. 디지털 제조 시대의 미래 전망과 교육

## 9-1. 3D프린팅과 전통적 생산라인의 통합 방법은?

### ◉ 생산 공정 내에서 3D프린팅 작업을 병렬 배치

생산라인을 성공적으로 통합하기 위해서는 기존 생산라인의 병목 구간부터 파악해야 합니다. 병목 현상이 발생하는 지점을 분석하고, 3D프린팅이 이를 개선할 수 있는지 평가해야 합니다.

특히 느리거나 비효율적인 단계를 중점적으로 검토하고, 3D프린터가 필요한 부품의 소재, 크기, 정밀도를 충족하는지 기술적 적합성을 확인해야 합니다.

예를 들어 금형 제작을 기다리는 동안 3D프린터로 샘플 부품을 병렬적으로 제작하면 전체 공정 속도를 향상시킬 수 있습니다. 이를 위해 3D프린팅 셀의 작업 유형과 프린팅 속도, 후처리 요구 사항을 사전에 계획해야 합니다. 생산라인과의 유기적 연결을 유지하는 것이 중요합니다.

### 3D프린팅 셀을 기존 생산라인과 연결

3D프린팅 셀을 기존 생산라인과 효과적으로 연결하면 프린팅된 부품이 다음 공정으로 자동으로 전달됩니다. 이로 인해 공정 간 연속성이 강화됩니다. 로봇 팔, 컨베이어 벨트 등의 자동 이송 장치를 활용하면 수작업 개입을 최소화할 수 있습니다.

실시간 품질 관리 시스템과 통합하면 불량품이 다음 공정으로 넘어가는 것을 방지할 수 있습니다. 생산 비용을 절감하는 효과가 있습니다. 이러한 통합은 정밀도와 품질이 중요한 산업에 특히 적합합니다.

### 전통적 공정에서 도구 및 부품을 교체

기존 생산라인의 금속 지그나 고정 장치를 3D프린팅 기술로 대체하면 여러 이점이 있습니다. 우선 3D프린팅은 CNC 가공이나 주조 방식보다 빠르고 경제적입니다. 복잡한 구조를 손쉽게 구현할 수 있어 경량화와 사용자 편의성이 향상됩니다.

또한 설계 변경 시에 디지털 데이터를 수정하고 즉시 프린팅할 수 있어 유연성이 높아집니다. 유지보수와 수리도 용이하기 때문에 생산라인의 가동 중단 시간을 최소화할 수 있습니다.

### 후가공 및 조립 공정을 직접 연결

3D프린팅 부품을 후가공 장비와 조립 공정에 직접 연결하면 공정 단계가 간소화됩니다. 프린팅된 부품은 즉시 CNC 가공, 연마, 도장 등의 후가공 장비로 전달됩니다. 품질 개선과 정밀도 조정이 빠르게 이루어집니다.

후가공이 완료된 부품은 별도의 이동 없이 조립 공정으로 자동 전달됩니다. 이는 대량 생산에서 시간 절약과 공정 일관성을 유지하는 데 효과적입니다.

## 스마트 제조 기술과 융합

IoT 센서를 활용하여 생산 공정 데이터를 실시간으로 분석하면 예측 유지보수가 가능합니다. 부품의 마모 상태를 모니터링하고 필요한 시점에 즉시 제작할 수 있습니다. 또한 인공지능[AI]과 사물인터넷[IoT] 기술을 결합하면 설계, 프린팅, 품질 관리 과정을 자동화할 수 있습니다.
클라우드 기반 설계 시스템과 자동화 장비를 활용하면 공정 데이터를 통합 관리할 수 있고, 실시간으로 최적화된 작업을 실행함으로써 생산 효율성과 공급망 유연성을 동시에 향상시킬 수 있습니다.

## 9-2. 3D프린터와 인공지능(AI)의 융합과 미래 전망은?

3D프린팅 기술은 이미 제조업에서 유연성과 맞춤형 생산이라는 강점을 입증해 왔습니다. 여기에 인공지능[AI]이 더해지면서, 설계에서 생산까지 전 과정이 지능화되고 자동화되는 새로운 제조 패러다임이 열리고 있습니다.
AI와 3D프린팅의 융합은 단순한 기술 결합을 넘어, 제조의 본질을 바꾸는 큰 흐름으로 주목받고 있습니다.

## 설계 자동화 및 최적화

AI가 설계 요구사항(강도, 하중 조건 등)과 데이터를 분석하여, 재료를 최소화하면서도 필요한 강도와 성능을 확보할 수 있는 최적의 구조를 자동으로 생성합니다.

항공, 자동차, 의료 분야에서는 생성형 디자인 <sup>Generative Design</sup> 기반의 경량화 설계와 맞춤형 제품(예: 환자 맞춤형 임플란트, 고효율 부품) 생산이 동시에 가능합니다.

AI는 기존 설계 데이터를 학습하여 구조적 효율성을 극대화합니다. 특히 항공 및 자동차 산업에서 연료 절감과 부품 내구성 강화에 기여하는 경량 구조 생성을 지원합니다. 이는 자원 효율적이고 지속 가능한 제조를 이끕니다.

## ○ 새로운 재료 혁신

AI는 수많은 재료의 물리적, 화학적 특성 데이터를 학습합니다. 이를 통해 특정 용도나 설계 조건에 가장 적합한 소재를 추천해줄 수 있습니다.

특히 복합재료 3D프린팅에서 AI의 역할이 중요합니다. AI는 서로 다른 재료가 어떻게 상호작용하는지 분석한 다음, 프린팅 품질은 유지하면서도 특별한 요구 조건을 충족하는 소재를 제안해 줍니다. 이를 통해 더 좋은 성능의 새로운 복합 소재를 개발할 수 있습니다.

의료용 기기나 항공우주 부품처럼 높은 성능이 필요한 분야에서도 AI가 도움을 줍니다. 설계 조건에 맞는 최적의 재료를 찾아내어 성능과 안전성을 높여줍니다. 과거에는 수많은 실험과 시행착오를 거쳐 재료를 개발했지만, 이제는 AI를 통한 예측과 최적화가 재료 개발의 핵심 방식이 되고 있습니다.

## 실시간 공정 최적화 및 품질 보증

공정 최적화(공정 파라미터 최적화, 실시간 모니터링 및 오류 수정, 자동 보정)을 통해 3D프린팅의 불량률 감소 및 오류 수정 등을 할 수 있습니다.

표152. **실시간 공정 최적화 및 품질 보증**

| 공정 파라미터 최적화 |
| --- |
| - AI 알고리즘(머신러닝/딥러닝)을 활용해 레이저 파워, 스캔 속도, 적층 두께 등 주요 공정 변수를 분석 및 최적화<br>- 프린팅 품질 향상과 생산 효율 개선에 기여 |
| **예시** 금속 적층성형 공정에서 딥러닝 기반 최적화 기술을 적용<br>→ 공정 조건에 따른 층간 결함을 최소화하여 불량률 감소 및 출력 안정성 강화 |
| **실시간 모니터링 및 오류 수정** |
| - AI 모델은 프린팅 중 노즐 막힘, 적층 불균형, 온도 이상, 재료 분포 문제 등을 실시간 감지 또는 사전 예측<br>- 딥러닝 기반 이미지 분석 및 센서 데이터를 활용하여 결함을 조기에 파악하고 출력 품질을 안정화 |
| **자동 보정** |
| - 결함이 감지되면, AI가 프린팅 속도나 공정 조건을 자동으로 조정해 실시간 오류를 수정<br>- 공정 중단 없이 안정적인 출력 품질을 유지<br>- 항공, 의료 등 고정밀 산업에서 치수 편차 및 표면 결함을 줄이기 위한 AI 기반 품질 관리 기술이 필수적으로 적용됨 |

## 자율화된 제조 공정

AI는 주문 데이터를 분석하여 맞춤형 부품을 자동으로 설계하고, 즉시 프린트하는 완전 자율 생산 환경을 제공합니다.

이는 주문형 제조 <sup>On-Demand</sup>와 소량 맞춤 생산에 특히 강점을 발휘하며, 생산 속도와 소비자 만족도를 동시에 향상시켜 줍니다.

## 3D프린팅과 AI의 통합적 시너지

3D프린터와 AI의 통합은 설계부터 재료 선택, 공정 최적화, 품질 관리, 최종 생산까지 모든 제조 단계를 자동화하고 지능화하는 완전 자율 제조 시스템을 실현합니다.

이는 소규모 제조 허브를 활성화하고 맞춤형 대량 생산 Mass Customization 을 가능하게 합니다. 이를 통해 공급망 효율성을 높이고, 지리적 제약을 줄일 수 있습니다.

## 지속 가능한 제조 혁신

AI와 3D프린팅의 결합은 자원 효율적인 설계(AI 최적화)와 필요한 만큼만 재료를 사용하는 적층 제조 방식을 통해 재료 낭비와 탄소 배출을 현저히 줄여줍니다.

이는 지속 가능한 제조 모델을 창출하며, 제조업 전반의 환경 지속 가능성을 향상시키는 데 기여합니다.

## 결론 및 미래 전망

AI와 3D프린팅 기술의 융합은 단순한 자동화를 넘어, 지능형 설계에서 자율 생산, 예측 기반 품질 관리, 환경 친화적 제조까지 전 과정을 아우르는 제조 패러다임의 근본적인 전환을 이끌고 있습니다.

AI는 축적된 공정 데이터를 학습하여 미래의 제조 환경을 예측하고 최적화하는 데 기여하고 있습니다. 이러한 AI 솔루션들은 3D프린팅을 더욱 정밀하고 유연하며, 신뢰성 높은 제조 방식으로 발전시키는 핵심 동력이 될 것입니다.

이러한 변화는 앞으로의 제조업이 더욱 민첩하고 Agile, 효율적이며 Efficient, 지속가능하게 Sustainable 진화하는 데 결정적 역할을 할 것입니다.

## 9-3. 디지털 트윈을 통한 부품 성능 예측과 최적화 방안은?

### 디지털 트윈의 개념과 역할

디지털 트윈 Digital Twin은 현실의 부품이나 장비를 디지털 환경에 정밀하게 재현한 복제 모델입니다. 센서 데이터와 시뮬레이션을 기반으로 실제 작동 상태를 예측하고, 설계와 제조 과정을 최적화하는 데 활용되고 있습니다.

3D프린팅에서는 제품이 만들어지는 과정에서 생성되는 CAD 파일, 공정 조건, 센서 데이터 등을 디지털 트윈에 통합함으로써, 물리적인 부품과 똑같은 디지털 모델을 만들 수 있습니다. 이 모델을 활용하면 프린팅 도중에 발생할 수 있는 결함을 즉시 감지하고 바로잡을 수 있습니다.

또한 제품이 실제로 사용되는 환경을 가상으로 구현함으로써, 내구성이나 열 변형 같은 문제를 사전에 예측하고 대비할 수도 있습니다.

### 디지털 트윈을 활용한 3D프린팅 성능 예측 방법

디지털 트윈은 다양한 시뮬레이션 기법을 사용하여 3D프린팅 부품의 성능을 평가하고 개선합니다.

## 구조 해석(FEA)

디지털 트윈을 통해 Finite Element Analysis [FEA]를 수행하여 부품의 강도, 응력, 열 특성을 예측합니다.

- **사례:** *항공기 엔진 부품의 열응력 분석*

## 열 및 유체 시뮬레이션(CFD)

고온, 고압 환경에서의 부품 성능을 평가하여 냉각 채널 설계와 열방출 성능을 개선합니다.

- **사례:** *열교환기와 같은 복잡한 형상의 부품 성능 최적화*

## 피로 수명 예측

반복적인 하중에서의 피로 파괴 가능성을 분석하여 부품 수명을 예측합니다.

- **사례:** *자동차 섀시 부품의 피로 수명 연장*

### 디지털 트윈을 활용한 3D프린팅 최적화 방법

## 토폴로지 최적화

디지털 트윈을 활용해 불필요한 재료를 제거하고, 강도를 유지하면서 경량화된 설계를 제공합니다.

- **사례:** *항공우주 부품에서 연료 소비를 줄이기 위한 경량화 설계*

## 적층 방향 최적화

3D프린팅 시 적층 방향이 부품의 기계적 특성에 미치는 영향을 분석하여 최적의 적층 방향을 설정합니다.

*- 사례: 균열 위험이 적은 방향으로 적층 설계*

## ◉ 프린팅 공정 시뮬레이션

레이저 파워, 스캔 속도 등 제조 공정 변수를 시뮬레이션하여 결함을 최소화하고 품질을 높이는 공정 조건을 도출합니다.

*- 사례: 금속 3D프린팅에서 기공 형성 최소화*

## 디지털 트윈의 실시간 적용 사례

### ◉ 프린팅 오류 모니터링 및 수정

디지털 트윈은 프린팅 중에 발생하는 결함(예: 층간 결합 불량, 기공 형성)을 실시간으로 탐지하고, 공정을 수정하여 품질을 보장합니다.

### ◉ 실시간 데이터 기반 유지보수

부품의 성능 데이터를 모니터링하여 예측 유지보수를 실행함으로써, 장비 고장과 부품 교체 비용을 절감합니다.

*- 사례: 항공기 부품의 실시간 데이터 분석을 통한 예방적 유지보수*

## 디지털 트윈의 기술적 과제와 해결 방안

디지털 트윈 기술이 정밀하고 예측 가능한 제조를 실현하기 위해서는 몇 가지 중요한 기술적 과제를 극복해야 합니다.

### ◉ 실시간 센서 데이터와 고해상도 3D스캔 정보 필요

높은 정확도를 확보하려면 더 많은 실시간 센서 데이터와 고해상도 3D스캔 정보가 필요합니다. 데이터 품질이 낮거나 누락되면 디지털 트윈의 예측력도 제한되기 때문입니다.

## ◉ 고성능 컴퓨팅 성능 필요로 인한 도입 장벽

복잡한 시뮬레이션을 실시간으로 처리하려면 고성능 컴퓨팅 자원이 뒷받침되어야 합니다. 이로 인해 중소기업의 도입 장벽이 생길 수 있습니다.

## ◉ 산업 표준 부재로 인해 통합의 어려움

산업 전반에서 통일된 표준이 부족한 점도 문제입니다. 소프트웨어 간의 호환성과 데이터 포맷의 통일이 이루어지지 않으면, 디지털 트윈과 3D프린팅 간의 원활한 통합이 어렵습니다.

이러한 과제들을 해결하기 위해서는 관련 기술 개발뿐 아니라 국제적 표준화 노력과 현장 적용을 위한 교육 및 인프라 구축이 병행되어야 합니다.

## 디지털 트윈의 미래

디지털 트윈은 단순한 시뮬레이션 도구를 넘어, 3D프린팅과 결합하여 제조 전 과정의 혁신을 이끌고 있습니다.

설계부터 제조, 실제 사용과 유지보수에 이르기까지 제품의 생애주기를 실시간으로 예측하고 최적화할 수 있으며, 이를 통해 부품의 품질과 성능을 획기적으로 향상시킬 수 있습니다.

특히 항공우주, 자동차, 의료 산업에서는 이러한 기술이 이미 실용화 단계에 접어들며 제조 방식의 전환을 가속화하고 있습니다.

앞으로 디지털 트윈은 인공지능, IoT, 클라우드 기술과 결합되어 더욱 진화할 것입니다. 대규모 생산 중심의 전통 제조 방식을 넘어, 소규모 현장 중심의 유연하고 민첩한 분산형 스마트 제조 체계를 가능하게 하여 미래 제조업의 중심축으로 자리 잡게 될 것입니다.

## 9-4. 3D프린팅 교육의 필요성과 전문가 양성 방안은?

### ◎ 3D프린팅의 산업적 중요성

3D프린팅은 제조, 의료, 건축 등 다양한 산업에서 필수적인 기술로 자리 잡아 가며, 복잡한 설계와 맞춤형 제조, 지속 가능한 생산을 가능하게 하고 있습니다. 이러한 특성 덕분에 가까운 미래에는 산업 경쟁력을 좌우하는 핵심 수단으로 부상할 것입니다.

### ◎ 지속 가능한 제조 방식으로서의 3D프린팅

3D프린팅은 필요한 만큼만 생산하는 방식으로 자원 낭비를 줄이고, 에너지 소비와 탄소 배출을 최소화하는 데 기여하고 있습니다. 이는 전 세계적으로 강화되고 있는 환경 규제에 대응하는 대안으로서 주목받고 있으며, 친환경 제조 방식의 핵심 기술로 자리매김하고 있습니다.

이러한 특성은 단순한 기능적 장점을 넘어, 미래 제조업의 지속가능성을 좌우하는 요소가 되고 있습니다.

### ◎ 왜 지금 3D프린팅 교육이 필요한가?

이러한 기술을 제대로 활용하기 위해서는 단순히 장비를 조작하는 수준을 넘어서야 합니다. 설계, 재료 선택, 출력, 후가공 등 전체 과정을 이해하고 실습을 통해 익히는 교육이 필수입니다.

특히 3D프린팅은 아이디어를 빠르게 실현할 수 있어 학습자들에게 창의력과 문제 해결력을 동시에 길러줍니다. 실제로 교육 현장에서 3D프린팅을 경험한 학습자들은 기획→설계→제작의 전 과정을 통합적으로 사고하게 되며, 이는 미래 산업 환경에 필요한 핵심 역량과 직결됩니다.

## 숙련된 인재 양성을 위한 핵심 전략

숙련된 3D프린팅 전문가는 단순한 장비 운용자를 넘어서, 설계적 사고를 기반으로 한 창의적 생산자여야 합니다. 이를 위해서는 제품 구조 설계, 소재 이해, 후처리 공정, 품질 분석 등 폭넓은 기술 교육이 필요하며, 산업별로 다른 응용 기술에 대한 실습도 포함되어야 합니다. 향후에는 AI 기반 설계 최적화, 복합소재 활용, 지속가능성 기반 설계 등 고도화된 교육 콘텐츠가 강화될 필요가 있습니다.

## 3D프린팅 교육이 만드는 더 나은 미래

3D프린팅 교육은 개인의 창의력과 문제 해결력을 향상시키는 것을 넘어, 지속가능하고 유연한 제조 문화를 확산시키는 데 기여합니다. 이는 기술 혁신을 넘어 사회 전반의 제조 역량 향상과 환경적 책임을 함께 실현하는 기반이 됩니다. 따라서 기업과 교육기관, 정부가 협력해 체계적인 교육 시스템을 마련한다면, 미래 산업의 경쟁력은 더욱 강화될 것입니다.

이제 3D프린팅 교육은 선택이 아닙니다. 모든 세대와 분야에 필수적인 미래 대비 전략입니다.

## 9-5. 산업체 3D프린팅 교육 프로그램의 특징은?

### ◉ 현재 산업체의 3D프린팅 교육 프로그램

최근 산업 전반에서 3D프린팅 기술의 활용도가 높아지면서 이를 실무에 적용할 수 있는 인재 양성의 중요성이 커지고 있습니다. 따라서 최근의 산업체 대상 3D프린팅 교육 프로그램은 단순한 기술 소개를 넘어, 실제 업무에 바로 투입 가능한 실무 역량을 기르는 데 초점을 맞추고 있습니다.

이러한 교육 프로그램은 대체로 현장과 실습 중심으로 설계됩니다. 또한 각 산업 분야의 요구에 맞춘 맞춤형 커리큘럼이나 문제 해결 중심의 프로젝트 학습 체계를 갖춘 것이 특징입니다.

### ◉ 교육 프로그램의 주요 특징

교육에 참여하는 수강생들은 FDM(융합 적층 모델링), SLA(광경화성 수지 조형), SLS(선택적 레이저 소결) 등 다양한 종류의 3D프린터를 직접 다루어 봅니다. 이들은 장비 운용에서부터 프린팅 설정, 후처리 작업, 품질 관리에 이르기까지 전 과정을 실습합니다.

또한 사용되는 재료에 따라 달라지는 공정 특성도 심도 있게 다룹니다. 교육생들은 플라스틱, 레진, 금속 등 다양한 소재의 특성을 이해하고, 그에 따른 공정 변수(온도, 속도, 냉각 방식 등)를 조절하는 능력을 기릅니다. 이를 통해 실제 업무 환경에서 최적화된 공정을 설계하고 운영하는 데 필요한 기술적 감각을 익힐 수 있습니다.

# 3D프린팅 / 3D스캐닝 교육 커리큘럼

현장 적용을 목표로 설계-출력-후처리-검증 전 과정을 실습 중심으로 구성한 커리큘럼입니다.
기초·심화 난이도는 참가자의 직무와 경험 수준에 맞춰 맞춤 설계됩니다.

| 교육 분류 | 교육명 | 대상 | 기간 |
|---|---|---|---|
| 산업용 3D프린팅 | 산업용 폴리머 3D프린팅 운영·적용 과정(기초/심화)<br>▶설계(DfAM) → 공정 세팅·출력 → 후처리·품질 확인 실습<br>▶FDM, PolyJet, SLA, SLS, SAF, DLP 방식 | 산업체 재직자 · 학생 · 3D프린터 장비 운영자 | 2~5일 |
| | 금속 3D프린팅 공정 이해 및 품질 관리 과정(기초/심화)<br>▶공정 이해 → 빌드/파라미터 기본 → 후처리 → 품질 점검<br>▶PBF, BMD 방식 | | |
| | 3D프린팅 파트 후처리·품질 안정화 워크숍<br>▶후처리 표준(세척/경화/서포트/표면) → 품질 안정화 →<br>기본 검사 포인트 | | |
| 의료분야 3D프린팅 | 3D프린팅 수술 시뮬레이터 제작을 위한 SW 및 3D프린팅 교육<br>▶의료 데이터 기반 모델링 → 출력 및 운영 → 후처리 →<br>교육/시뮬레이션용 모델 제작 실습 | 의료분야 종사자 · 학생 | 5일 |
| 산업용 3D스캐닝 | 산업용 광학식 3D스캐너를 활용한 3D모델링 교육<br>▶스캔 → 데이터 취득/정합 → 메쉬 정리 → 3D모델 생성 실습 | 산업체 재직자 · 학생 | 2~3일 |
| | 3D스캐닝을 활용한 역설계 및 품질검증 과정 교육<br>▶역설계(CAD 재구성) → 공차/편차 분석 → 검사 리포트 생성 실습 | | 3~5일 |
| 통합과정 | 산업 현장에서 사용하는 3D프린팅 및 3D스캐닝 실습 교육<br>▶3D프린팅(설계-출력-후처리-검증) +<br>3D스캐닝(스캔 데이터 획득-역설계/검사) 통합 실습 | 산업체 재직자 · 학생 | 2~3일 |

**PROTOTECH**
3D Printing Total Solution

## 9-6. 3D프린팅 엔지니어의 핵심 역량은?

3D프린팅 엔지니어는 단순히 장비를 다루는 기술자가 아니라, 설계부터 프린팅, 후가공, 응용까지 제조 전반에 걸쳐 전문성을 갖춰야 합니다. 이를 위해 다음과 같은 핵심 역량이 필요합니다.

◉ **첫째, 문제 예측 및 해결 능력이 필요합니다.**

프린팅 과정에서 발생할 수 있는 결함을 사전에 예측하고, 공정이나 설계를 조정해 문제를 해결할 수 있어야 합니다. 이는 산업 현장에서 실질적인 생산성을 높이는 데 중요합니다.

◉ **둘째, 설계와 제조 간의 연결 고리를 이해하는 능력이 요구됩니다.**

CAD 소프트웨어를 활용한 설계가 프린팅 과정에서 왜곡되지 않도록 공정 특성과 재료의 특성을 반영한 설계를 제안할 수 있어야 합니다.

◉ **셋째, 다양한 재료와 프린팅 기술에 대한 깊은 이해가 필수적입니다.**

플라스틱, 레진, 금속 등 여러 재료의 물리적 특성과 적합한 프린팅 기술을 숙지하고, 이를 제품의 용도에 맞게 선택할 수 있어야 합니다.

◉ **넷째, 지속 가능성과 비용 최적화 능력을 갖춰야 합니다.**

프린팅 과정에서 재료 낭비를 최소화하고, 품질과 생산 속도의 균형을 찾아 친환경적이고 효율적인 제조 프로세스를 설계할 수 있어야 합니다.

◉ **다섯째, 데이터 분석 및 활용 능력이 중요합니다.**

프린팅 과정에서 수집된 데이터를 기반으로 공정을 최적화하고 품질을 관리할 수 있어야 합니다. 이러한 역량은 3D프린팅 기술자의 경쟁력을 결정짓는 중요한 요소입니다.

결론적으로, 3D프린팅 기술자는 단순한 제조 기술자를 넘어 창의적인 설계자, 현장 문제 해결사, 그리고 산업 변화를 이끄는 혁신가로 성장해야 합니다.
디지털 제조와 친환경 기술이 중요해지는 시대적 흐름 속에서, 재료 활용을 최적화하고 지속가능성을 고려한 제조 방식을 설계하는 능력은 필수적입니다.
또한 데이터 기반의 공정 개선과 고급 응용 기술을 통해 새로운 가치를 창출하며, 미래 제조 환경에서 핵심적인 역할을 맡아야 합니다.
이러한 역량을 갖춘 3D프린팅 기술자는 산업 전반에서 기술 혁신과 생산성 향상을 이끄는 핵심 인재로 자리 잡게 될 것입니다.

## 9-7. 향후 10년간 3D프린팅 기술의 발전 방향은?

향후 10년은 성능 개선뿐 아니라 소재의 다양화, 의료·바이오 분야의 적용 확대, 비용 절감과 접근성 향상, 그리고 AI·IoT 등 디지털 기술과의 융합이 동시에 진행되는 시기가 될 것입니다. 그 결과 3D프린팅은 시제품 제작을 넘어 다양한 산업의 생산·유지보수 현장으로 빠르게 확산될 가능성이 큽니다.

## 프린팅 속도와 크기 향상

출력 속도와 출력 크기의 향상은 3D프린팅 기술의 활용 범위를 크게 확장하고 있습니다. 대형 구조물 제작과 고속 출력이 가능해지면 건축 자재나 항공우주 부품 생산의 효율성이 한층 높아질 것입니다. 이러한 기술 발전은 제조 공정을 단순화하고 비용 절감을 촉진하는 중요한 계기가 될 것입니다.

## 재료의 다양화

3D프린팅의 소재는 플라스틱을 넘어 금속, 세라믹, 복합재료, 생체 적합성 소재까지 빠르게 확대되고 있습니다. 이로 인해 의료, 항공, 자동차 등 고기능 부품을 필요로 하는 산업에서도 3D프린팅의 활용 폭이 넓어지고 있습니다. 특히 고온·고압 환경이나 생체 적응성이 필요한 특수 환경에서도 사용할 수 있는 신소재 개발이 활발히 진행되고 있습니다.

## 의료 분야의 혁신

인공 장기와 조직 프린팅 기술이 상용화 단계에 점점 가까워지고 있습니다. 환자 맞춤형 임플란트나 치과 보철물 제작은 이미 실용화되어 있습니다. 향후 10년간 의료 현장에서 3D프린팅은 '보조 기술'이 아닌, 핵심 생산 수단으로 자리할 가능성이 높습니다.

## 비용 절감과 접근성 향상

비용 절감과 접근성 향상도 주목할 만한 변화 중 하나입니다. 기술 발전과 대량 생산의 효율화로 장비와 재료의 가격이 낮아지고 있습니다.

이로 인해 중소기업과 개인도 3D프린팅 기술을 활용할 수 있는 환경이 조성되고 있습니다. 이는 제조업의 민주화를 가속화합니다. 소규모 제조 환경에서도 혁신적인 변화가 일어날 수 있는 기반을 제공합니다.

## 디지털 기술과의 융합

3D프린팅은 디지털 기술과의 융합을 통해 새로운 가능성을 열어가고 있습니다. 인공지능 AI과 사물인터넷 IoT 기술을 결합해 설계, 프린팅, 품질 관리 과정을 실시간으로 자동화합니다. 이는 스마트 제조 환경 구축을 가속화합니다. 이 같은 통합은 생산 효율성을 극대화하고 기존 한계를 뛰어넘는 전환점으로 작용합니다.

## 지속가능성과 친환경 제조

지속가능성과 친환경 제조 측면에서도 3D프린팅은 핵심적인 기술로 자리 잡았습니다. 필요한 만큼만 생산하는 방식은 자원 낭비를 줄입니다. 재활용 가능한 소재와 에너지 절약형 공정을 통해 환경적 부담을 완화하고 있습니다. 이처럼 3D프린팅은 강화되는 환경 규제와 지속 가능한 발전 요구를 충족하는 데 중요한 역할을 하고 있습니다.

## 제조업의 구조 변화와 새로운 기준

3D프린팅은 생산 속도와 비용을 절감시키는 도구를 넘어, 제조 방식 자체의 근본적인 변화를 이끌고 있습니다. 기존의 대량 생산 체계에서 벗어나, 소량 맞춤형 생산으로의 전환을 촉진하고 있습니다. 기존 생산 방식이 디지털 설계 기반 제조, 지역 분산형 생산으로 변화하고 있는 것입니다.

창의성과 생산성이 결합된 3D프린팅 기술은 다양한 산업에서 새로운 표준을 제시하고 있습니다.

### ◦ 기술 발전 현황의 지속적 주시 필요성

3D프린팅 기술은 타 제조기술에 비해 빠르게 발전하고 있습니다. 따라서 지속적으로 기술 발전 현황을 주시하는 것이 중요합니다. 최신 기술 동향을 파악하고, 변화하는 시장 요구에 신속히 대응해야 합니다.

## 경제적 관점과 기술적 실현 가능성

**Successful Adaption of AM** - Benefits Through an "Additive Mindset"
Mapping of possible candidates to find target parts for implementation

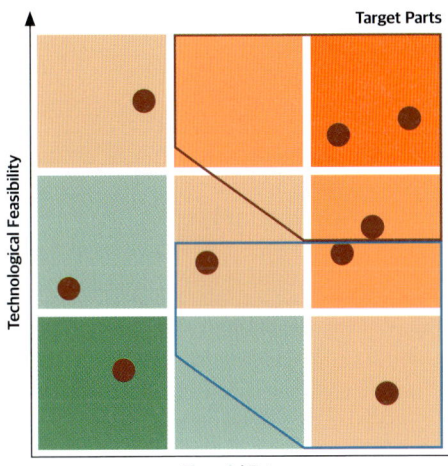

Target Parts

**Collaboration with technology partners**

- Development of prototype components and processes to validate assumptions and prove AM feasibility

**Keeping in backlog for future developments**

- Technology and market evolution can change the feasibility status of parts Focus on parts with high potential ROI

위 표는 X축에 '경제적 관점(수익성)', Y축에 '기술적 실현 가능성'을 두고, 3D프린팅 기술 도입에 적합한 부품을 분류한 것입니다.

두 축 모두 높은 수준에 있는 경우, 경제성과 기술적 실행력이 확보되어 있어 빠른 도입이 가능하다는 뜻입니다. 반면 기술적 실현 가능성은 낮지만 경제성이 높은 경우, 당장은 적용하기 어려워도 미래 기술 발전을 고려해 지속적인 관심을 가질 필요가 있습니다.

기술은 시간이 지나면서 개선될 수 있기 때문에, 장기적인 관점에서 기회를 준비하는 것이 중요합니다.

## 3D프린팅 기술의 성장률

글로벌 시장 조사에 따르면 3D프린팅 산업은 지난 40여 년간 연평균 20% 이상이라는 높은 성장률을 기록해 왔습니다. 특히 장비와 소재의 발전, 의료·항공·자동차 분야의 도입 확대가 맞물리며 응용 영역이 급속도로 확대되고 있습니다. 이러한 성장세는 향후 10년 동안에도 지속될 것으로 예측됩니다.

3D프린팅!
미래 제조업의 중심 기술로 자리 잡아 가고 있습니다.

에필로그

기술과 함께, 사람과 함께

### *3D프린팅 산업과 함께 걸어온 기업, 프로토텍 이야기*

이 책에서는 3D프린팅 기술이 어떻게 산업 전반에 영향을 주고 있으며, 그 가능성이 어디까지 확장될 수 있는지를 살펴보았습니다.

80년대 말 발명된 3D프린팅 기술은 90년대 중반부터 국내에서 활용되기 시작하였습니다. 당시에는 '3D프린터'라는 용어조차 생소했기에 '쾌속조형기 Rapid Prototyping'라는 이름으로 불리며, 시제품 제작용 장비로 인식되곤 했습니다.

그 시기, 산업 현장의 최전선에서 국내 최초로 3D프린팅 기술을 도입하고 보급하기 위해 발로 뛴 이들이 있었습니다. 프로토텍은 그중에서도 가장 앞에 서 있던 기업이었습니다. 서울대 기계과 등 유수 대학의 교수님들, 현대자동차나 삼성자동차 등 국내 선진 기업의 임원들과 함께 미국 전시회장과 세계적인 3D프린터 제조사를 직접 누비며, 기술을 설명하고 비전을 공유했습니다. 당시 프로토텍 신영문 회장은 매일 한 도시씩 이동하며 답사와 미팅을 소화했고, 대기업 임원들조차 "이런 강행군은 처음"이라고 말할 정도로 고된 일정 속에서도 기술 전파에 열정을 다했습니다.

90년대 현대자동차, 삼성전자가 기술 도입을 하였고, 2000년대 후반에는 LG그룹이 그 대열에 합류했습니다. 물론 여러 기관, 대학들의 사용도 점차 늘어났습니다. 2010년대에는 군부대에 활용되기 시작하였습니다. 당시 군부대 물품 구입을 위한 관련 물품코드조차 없었기에, 프로토텍이 물품코드 지정을 위한 행정 절차를 지원하였습니다.

2010년대 중순부터, 항공 분야의 도입은 더욱 도전적이었습니다. 보수적인 안전 기준과 인증 기준이 높은 항공산업은 새로운 제조 기술에 대해 신중한 접근이 필수였습니다. 하지만 해외에서는 이미 항공기 부품 생산에 3D프린팅이 본격적으로 활용되고 있었고, 프로토텍은 항공안전기술원, 한국항공우주산업[KAI] 등을 대상으로 기술 안정성과 신뢰성에 대한 발표를 이어갔습니다.

의료 분야도 빼놓을 수 없습니다. 3D프린팅 기술은 환자 맞춤형 의료기기나 수술용 모형 제작 등에서 큰 역할을 해왔으며, 프로토텍은 애니메디솔루션과 같은 선도 의료기업에 직접 투자자로 참여하거나, 대표적인 의료 전시회 KIMES에 3D프린팅 업체로서는 국내 유일하게 매년 참가하는 등 기술 상용화를 위해 다방면으로 노력해왔습니다.

2010년대 후반부터는 3D프린팅 기반의 응용 어플리케이션을 자체 개발하거나 또는 개발지원하며, 더 많은 국내 제조업체들이 3D프린팅 기술을 통해 생산성과 부가가치를 높이고, 글로벌 경쟁력을 확보할 수 있도록 노력하고 있습니다.

## 토탈 3D프린팅 솔루션으로서의 프로토텍

프로토텍은 'Trustworthy'라는 모토 아래, 신뢰할 수 있는 장비 공급과 안정적인 유지보수 체계, 부품제작/양산 서비스(3D프린팅, 제품설계, 역설계, 시제품/목업제작, 양산제작, 후처리 등), 교육 서비스까지 아우르는 토탈 3D프린팅 솔루션을 제공합니다.

자체 R&D도 진행하여, 3D프린팅 사출 금형, 친환경 필라멘트, 항공부품 등 고도화된 분야의 개발을 직접 수행해 왔으며, 현재는 대한민국 최초의 전투기인 KF-21에 들어가는 3D프린팅 부품을 실제 양산 납품하는 유일한 국내 기업으로 자리매김하고 있습니다.

그 결과, 2025년 기준으로 프로토텍이 3D프린팅 기술을 도입시킨 기업, 기관, 대학은 1,300개를 넘어서고 있습니다.


## 미래의 기술, 지금의 혁신가를 위하여

3D프린팅은 30년이 넘는 역사를 가진 기술이지만, 여전히 제조기술 중 가장 진보적이고 혁신적인 영역으로 평가받고 있습니다. 기술발전 속도도 성숙기에 접어든 타 제조기술에 비해 매우 빠른 편입니다.

이 빠른 기술 발전 속도 속에서, 이를 실험하고 도입하며 자기 분야에 적용해보는 이들은 기술 선도자 Technology Leader이자 디지털 혁신가 Digital Innovator입니다.

프로토텍은 그들이 더 자유롭고 안정적으로 기술을 탐구하고 적용할 수 있도록 돕는 숨은 조력자이자 든든한 파트너가 되고자 노력합니다. 3D프린팅 기술과 신뢰할 만한 장비군들을 소개, 컨설팅하고, 도입 이후의 원활하고 안정적인 사용성을 위해 숙련된 유지보수 엔지니어를 직접 양성하고 있습니다. 또한 기술을 적용하고 사용하는 분들의 생산성, 성장성을 위해 다양한 산업군에 맞춘 제작지원팀과 전문 R&D팀을 꾸준히 운영하고 있습니다.

## 마무리하며

기술은 결국 사람이 쓰는 것입니다. 그리고 진정한 기술의 가치는 그 기술을 통해 누군가가 더 나은 선택을 하고, 더 창의적인 문제 해결을 할 수 있을 때 완성됩니다.

앞으로도 프로토텍은 기술의 이름으로 사람을 돕고, 산업을 바꾸고, 가능성을 연결, 지원하는 기업으로서 묵묵히 걸어가겠습니다.

이 책을 통해 3D프린팅의 세계를 접하신 여러분의 여정에, 언젠가 함께할 수 있기를 기대합니다.